膜下滴灌加工番茄光合速率测定

膜下滴灌加工番茄关键栽培技术田间培训

膜下滴灌加工番茄机械化中耕

加工番茄丸粒化直播栽培关键技术集成与示范

膜下滴灌加工番茄成熟期

膜下滴灌加工番茄机械化收获

现代节水高产高效农业

膜下 滴灌加工 番茄栽培

宋晓玲 黄 东 李 丽 主编

中国农业出版社

北 京

图书在版编目（CIP）数据

膜下滴灌加工番茄栽培 / 宋晓玲，黄东，李丽主编
. —北京：中国农业出版社，2022.4
ISBN 978 - 7 - 109 - 29439 - 4

Ⅰ.①膜… Ⅱ.①宋… ②黄… ③李… Ⅲ.①番茄－
地膜栽培－滴灌 Ⅳ.①S641.207

中国版本图书馆 CIP 数据核字（2022）第 087403 号

中国农业出版社出版

地址：北京市朝阳区麦子店街 18 号楼
邮编：100125
责任编辑：廖 宁
版式设计：杜 然 责任校对：吴丽婷
印刷：中农印务有限公司
版次：2022 年 4 月第 1 版
印次：2022 年 4 月北京第 1 次印刷
发行：新华书店北京发行所
开本：880mm×1230mm 1/32
印张：5.5 插页：1
字数：200 千字
定价：45.00 元

本书编委会

主　　任：宋晓玲

副 主 任：周　军　黄　东

主　　编：宋晓玲　黄　东　李　丽

副 主 编：银永安　贾世疆　李高华　王肖娟
　　　　　王圣毅

编写人员（按姓氏笔画排序）：

王国栋　包芳俊　朱江艳　刘小武

李婷婷　杨佳康　张晓峰　周　军

赵双玲　郝玉峰　钱　鑫　钱冠云

韩　品　鲍　健

全球多个国家和地区的人们都有食用番茄酱等番茄制品的习惯，而目前种植加工番茄的区域主要集中在地中海沿岸、美国加利福尼亚州河谷以及中国新疆。中国是世界上加工番茄种植面积最大的国家之一，加工番茄制品消费量也逐年增加。加工番茄作为新疆的优势特色产业，种植面积和产量均居全国首位，与石油、棉花一起构筑起"一黑一白一红"的新疆三大产业。

新疆作为我国最重要的加工番茄生产基地，以独特的光热水土资源优势，被公认为全球少数几个特别适宜种植番茄的地区，新疆番茄的番茄酱制品以番茄红素含量高而著称，产品色差、黏稠度等指标均达到世界同类产品先进水平。近年来，加工番茄产业已作为新疆特色优势产业得到了迅速发展。随着国家对农业，尤其对农业占当地经济总量比例较大的西部省份进一步加大投入，以及实施优势资源转换战略，新疆立足优势和特色资源，大力发展特色产业，加快了对种植业作物结构的调整步伐。在新疆越来越多的地区，加工番茄已成为广大农户和农场的重要选择作物。

本书以新疆天业（集团）有限公司在膜下滴灌加工番茄栽培技术方面创制与研发的最新成果为基本素材，汇聚了科研人员在膜下滴灌加工番茄栽培方面多年的栽培、水肥管理、病虫草害防治、示范推广等实践经验，旨在因地制宜、更好更快地推膜下滴灌加工番茄示范推广。全书内容涵盖了膜下滴灌加工番茄栽培的生物学基础、需水规律、施肥、病虫草害综合防治、丸粒化综合效益分析等内容，力求服务基层一线，做到科学性、先进性和可操作性，望本书的出版能为膜下滴灌加工番茄栽培技术绿色持续发展提供智力支持。

本书出版得到新疆生产建设兵团第八师石河子市农业科技攻关项目"加工番茄丸粒化直播栽培关键技术集成与示范"（2018NY07）的资助。中国农业出版社、上海宣通能源科技有限公司、新疆农垦科学院等单位对本书撰写提供了宝贵资料和建议，在此一并表示感谢。

本书通用性很强，可作为高校师生参考用书，也可作为膜下滴灌加工番茄栽培指导用书。希望本书的出版能给读者带来膜下滴灌加工番茄栽培的新思路、新方法和新理念，也希望农业生产部门能结合本地种植习惯，在膜下滴灌加工番茄栽培技术方面有所创新和突破。

鉴于编写时间和水平有限，书中有些问题论述可能不够精确，恳请广大读者谅解，并多提宝贵意见，以便再版时修改完善。

编　者

2021 年 9 月

目 录

第一章　概　述

第一节　国内外加工番茄产业状况

　　加工番茄是新疆三大优势产业之一，新疆得天独厚的自然条件非常适合加工番茄的种植。当地光照充足，昼夜温差大，使加工番茄的色素和可溶性固形物含量较高；降水量少，空气干燥，采用灌溉农业模式减少了病虫害及烂果的发生，而且能够进行无支架栽培。新疆加工番茄生产在全国具有优势地位是不争的事实，但新疆番茄加工业起步晚，发展历史只有短短十几年。一开始，除生产量小、产品以出口为主、在世界生产及销售市场所占份额很低、不具影响力、没有建立畅通的市场营销体系、国内市场开拓不够、生产管理不协调、无序竞争等原因外，生产中也存在许多亟待解决的问题。1998 年以后，由于中粮新疆屯河股份有限公司等大企业介入，使新疆加工番茄产业进入了一个新的发展阶段，加工番茄产业初步成为新疆的新型特色农业产业，这一"红色产业"陆续成为区域经济与国际市场结合的典范。大企业的介入，不仅带来了大批的资金、先进的设备，同时还带来了先进的管理，吸引了大批人才投入到加工番茄产业中来，使这一产业又重新充满了活力、生机和希望。新疆已将番茄产业列为西部大开发——新疆开发规划中的四大特色工业之一。有政府的大力支持，就为加工番茄产业的发展创造了更好的大环境。

　　目前，新疆加工番茄产业要有良好的发展，必须重点做好两件事：一是开拓产品销售市场，包括国际、国内市场；二是抓好原料生产，保证优质原料的均衡供应。原料生产作为生产的"第一车间"，是产业发展的基础，为保证产业高速、稳健地向前发展，加工番茄的原料生产还有很多工作需要做。只有搞好原料生产，夯实产业基础，才能为产业的发展奠定坚实的基础。

一、国外加工番茄产业现状

加工番茄制品除了主导产品番茄酱外，还有番茄沙司、调味酱、罐装整番茄、切块番茄、番茄干制品、番茄汁等，其中，番茄酱和以番茄酱为底料加工的番茄沙司和调味酱约占80％。近年来，罐装整番茄、切块番茄、番茄干制品的需求量呈现了明显的增长，占目前生产加工量的15％以上。罐装整番茄等的生产主要集中在意大利、西班牙、美国等国家。番茄干制品有自然晾晒番茄干、机械脱水番茄片（粒、粉）等种类，自然晾晒番茄干以美国、土耳其、希腊等国为主。美国加工番茄年种植面积10.7万～14万 hm^2，其总产量占全球的29％～35％，其中，加利福尼亚州光热资源充足、土壤肥沃、水资源较为丰富，是全球最适合种植番茄的地区之一，加工番茄年种植面积和产量均占美国的93％左右。加工番茄是在确定与加工企业签订合同后才种植的。基于吨位、质量和交售时间，按照合同约定的价格给种植者付款。一些加工企业还对交售高质量的原料，特别是可溶性固形物含量高的原料生产者进行奖励。种植从1月下旬一直持续到6月上旬，采收从6月下旬持续到10月中下旬。自从1990年以来，种植模式已经从直播转向了育苗移栽。目前，大多数番茄田是育苗移栽的。美国水资源相对丰富，灌溉以喷灌（用于出苗和早期生长发育）和沟灌结合为主，滴灌田的面积也在不断增加。生产中除育苗、移栽、定苗需较多人工劳动外，几乎所有工序都用农业机械来完成（包括采收）。加工企业对各种子企业提供的品种进行广泛评估，根据各品种的性状评价来选择品种。签订原料生产合同时，要求种植者从加工企业筛选的被批准使用的品种目录里选择品种。种植者根据产量潜力、早熟性、对病害的抗性从目录里选择品种。当前使用的品种数量超过100个，90％～95％是杂交品种，多数抗当地3种以上的病害。加工番茄

90％的面积都用杀虫剂，99％的都用除草剂，生产中使用杀菌剂的达80％以上。但对生长期间使用的杀虫剂和杀菌剂在使用种类、使用数量、使用时间方面都有较严格的限制。2008年，意大利加工番茄原料在490万t左右，是美国、中国之后世界第三大生产国。其南部的普利亚地区生产和加工的番茄占全国总量的近40％，多数用于加工罐装去皮番茄，全部采用人工采摘。北部的帕尔马和皮亚琴察生产和加工量占全国总量的40％以上。用于加工番茄酱的原料全部采用意大利生产的自助式采收机采收，秧苗机械移栽方式约占90％，10％采用精量播种方式。平均单产因地区不同差异较大，每667 m^2 在4.3～6.6 t，滴灌愈来愈普遍，使用的品种大多数是意大利种子公司选育的。

二、国内加工番茄产业现状

目前，全国番茄制品生产企业主要有中粮新疆屯河股份有限公司、新疆中基实业股份有限公司、内蒙古巴彦淖尔富源实业集团、新疆天业（集团）有限公司、泰顺兴业（内蒙古）食品有限公司、中化河北进出口公司等。我国已经成为世界第三大番茄制品生产国和第一大番茄制品出口国，在世界番茄酱市场上占有举足轻重的地位。加工番茄产品主要出口俄罗斯、日本、意大利和中东地区，主要有番茄酱、去皮或切块番茄、番茄粉、番茄干、番茄红素等。大包装番茄酱是最主要的产品形式，可溶性固形物含量分为28％～30％和36％～38％两种，大多采用220 L无菌袋包装。内蒙古河套地区、甘肃河西走廊沿线地区在加工番茄种植方面具有与新疆相似的资源环境优势，部分地区生产的番茄原料可溶性固形物含量较高，十分适合加工。此外，宁夏、山西、黑龙江和安徽也有少量加工番茄种植。番茄原料生产中，以机械条播、膜上机械点播和膜上人工点播为主。育苗移栽面积自2006年以来增长迅速，在新疆焉耆垦区、内蒙古河套地区，育苗移栽占当地总种植面积的70％以上。由于土地开发面积不断增加和水资源日益紧张，新疆生产建设兵团以膜下滴灌为主的节水灌溉面积增长迅速，约占新疆生产建设兵团加工番茄总面积的80％以上，其他地区仍为常规沟灌。由于劳动力日益短缺和劳动力成本快速增加，在新疆一些地区，晚熟番茄的采摘和棉花的采摘时间交错，造成晚期番茄原料采摘成本大幅增加，农户不愿意种植晚期原料，也极大地影响了加工企业原料时间上的均衡供应。在新疆加快应用机械采收的必要性也日益突出，对新疆生产建设兵团加工番茄的种植尤为重要。

三、新疆生产建设兵团加工番茄产业现状

新疆得天独厚的气候条件造就了具特色的加工番茄生产自然资源。自国家西部大开发战略实施以来，新疆生产建设兵团从自身的资源优势出发，依靠科技进步，提出了大力发展"白绿红"工程，其中，番茄产业是红色工程的主打产业。目前，新疆生产建设兵团已经成为我国加工番茄制品主要的生产基地之一。"十二五"期间，新疆把建立番茄特色农产品精深加工基地作为重点任务之一，确立了"大力推进加工番茄产业化进程，培育具有市场开拓能力的龙头企业，发展番茄精深加工业，组建番茄制品集团，形成集团化优势"的加工番茄产业发展战略，提出将加工番茄产业作为实施西部大开发战略的有力支撑。

1. 育种、良繁产业情况 新疆生产建设兵团番茄育种工作始于1984年，目前，新疆生产建设兵团番茄育种单位主要有第八师石河子市蔬菜研究所、惠农种业和佳禾种业，其中，石河子市蔬菜研究所是目前新疆生产建设兵团规模最大、历史最久、专业化程度最高、科研体系较为完善的专业蔬菜研究所，长期承担着国家、新疆生产建设兵团和第八师石河子市有关蔬菜新品种选育与推广应用项目、配套技术攻关项目、科学普及、职工（农民）培训、技术咨询服务等任务，拥有组织培养与生物技术实验室、植物营养与土壤分析化验室和植物胚胎与细胞形态实验室3个实验室。番茄种子扩繁单位主要有第二师农业技术推广站、第六师农业科学研究所、第

七师农业科学研究所、石大科技种业等，此外，惠农种业和佳禾种业也从事番茄良种扩繁的工作。

新疆生产建设兵团番茄产业刚刚起步时，种植品种主要是中国农业科学院蔬菜花卉研究所选育的红玛瑙 140 等品种，与少量来自国外的品种搭配使用。1987 年，第八师石河子市蔬菜研究所从国外引进的加工番茄品种里格尔中选育出了里格尔 87-5，该品种以高产、抗病能力强、加工性状优良等优点得到广泛种植。目前，除了里格尔 87-5，第八师石河子市蔬菜研究所培育的石红系列番茄品种中也已有 20 多个品种在各兵团大面积推广，惠农种业培育的石番系列、佳禾业培育的佳禾系列番茄种植品种在新疆的种植面积也较大。

2. 产品营销状况　新疆冬季长、严寒，夏季短、炎热，春、秋季变化大，这一独特的气候资源条件使得新疆生产建设兵团各团场种植的番茄霉烂少、可溶性固形物含量高。同时，加工企业注重全过程无公害生产，生产的番茄制品品质高，使新疆加工番茄制品在国际市场上享有盛誉。新疆生产建设兵团生产的加工番茄制品主要出口到意大利、波兰、日本、韩国、菲律宾、印度尼西亚、沙特阿拉伯、俄罗斯等国家与地区，深受消费者青睐。

新疆生产建设兵团番茄加工龙头企业新疆中基实业股份公司生产的"Chalkis"牌番茄制品已经取得了美国汉斯公司食品生产企业考核认证等多项国际认证，产品远销世界各地。

从营销方式看，新疆生产建设兵团番茄加工企业生产的产品大部分通过中间商出口到国外市场，番茄制品加工企业只管生产，无法掌握客户信息和市场信息，在市场竞争日益激烈的环境中，这种坐等上门的营销方式严重阻碍了加工企业的发展。

四、加工番茄生产中存在的主要问题

1. 品种研发滞后制约产业发展　美国的加工番茄生产中使用了 175 个品种，主栽品种 20 个。而新疆加工番茄生产使用的品种不超过 20 个，主栽品种只有 1～2 个。由于品种单一，不能满足不同地域条件下的种植需求以及不同加工用途的要求。更重要的是品种单一造成成熟期非常集中，每年的交售高峰期工厂无法及时收购，大量原料浪费或积压使得品质严重下降，并且交售困难，影响了农民种植积极性。而早、晚期原料短缺造成工厂开工不足，影响经济效益。无论是交售高峰还是原料紧缺的情况下，都造成产品质量不稳定，影响出口的信誉。另外，由于连年种植，而且近年来冬季变暖，温室大棚面积扩大，为病菌滋生提供了有利条件。生产上对品种的抗病性要求越来越高。此外，目前生产中的一个突出问题就是如降水多，则病害发生严重，造成大面积减产。

形成现在品种研发滞后有两个方面：一是对品种研发投入的资金较少，使得育种选育工作滞后；二是科研单位体制的原因以及企业出于自身经济因素的考虑，使得新品种的推广速度慢。

2. 种子产业化程度低　目前，种子生产、销售一方面品种退化严重，但由于新品种的试种、筛选工作不足不得不大量繁种，造成生产用种质量降低，没有形成品种对生产应有的推动作用；另一方面流通渠道不畅，流通环节多，供应混乱，许多低劣种子流入生产中造成损失。

3. 生产栽培技术滞后　由于企业对原料基地建设投入不足，以及一些体制、经济方面的原因，使得很少有人对生产栽培技术进行系统研究。新疆加工番茄滞后的生产栽培技术，已不适于产业的发展。现在的生产栽培技术比较单一，无法实现原料的均衡供应，造成加工期较短，影响企业的效益，亟须建立与产业发展相适应的栽培技术体系和技术保障体系。

4. 原料基地建设滞后　由于以前企业规模小，既没有能力也没有经济实力投入品种研发，不敢大量投入建设原料基地，使得公司和农户之间不是一种相互依存、共同发展的关系，造成原料供应极不稳定。原料短缺时造成价格大战，各处设卡堵抢原料，降低原料收购标准，从而使原料质量降低，产品不合格率升高。而原料充足时，各企业又纷纷压级压价，严重挫伤农民的种植积极性，因此也造成番茄制品的产量和品质极不稳定。

五、加工番茄产业未来发展方向

1. 加速应用新品种

（1）加快新品种研发 必须加大投入，建立稳固的育种基地，运用先进的技术手段开展研究。积极培养人才，建立一支精干、高素质的育种队伍。进行广泛合作，引进丰富的材料，搞好基础研究。同时，为适应生产的飞速发展，尽量运用较成熟的材料，较快推出新品种。今后引种、育种应该注意以下几个方面：①重视新品种的引进应用，丰富品种的多样性；②选育早、晚熟搭配品种；③选育和利用抗病品种；④选育和利用高品质加工番茄品种（高可溶性固形物、茄红素和果胶含量）；⑤选育适应不同地域条件的品种，及适宜不同加工用途的品种（如原汁整果及切块）；⑥逐步开展适宜机械采收品种的研究。

（2）加快新品种推广速度，提高成果转化率 加快品种更新速度，推广杂交种。加工番茄对品种的要求是高产、优质、抗病，尤其是要获得优质、多抗性的品种。为得到综合性状优良的品种，发展和使用杂交种是一种趋势。与常规种相比，杂交种具有整齐度高、抗病性强、高产等优点。美国加利福尼亚州在 1984 年已经约有 25% 的加工番茄用的是杂交种子，到 1997 年，前 20 个品种中有 19 个都是杂交种。

推广新品种及栽培技术，不仅能给农民带来较高的经济效益，更主要的是使企业生产出的产品能够满足客户的要求。

2. 种子产业化建设 建立研究、生产、销售一体化的专业种子公司，规范化操作种子生产，对种子生产的产前、产中、产后实行严格的质量控制，以生产优质合格的种子，特别是丸粒化种子。采用先进的加工设备加工种子，提高种子品质。理顺流通渠道，减少流通环节，确保以优质的良种来推动生产的发展。

3. 栽培技术体系产业化建设 良种要用良法栽。新疆的加工番茄总体产量仍不稳定，产量水平低，平均每公顷产量只有 45～60 t。这和栽培技术滞后有很大关系。而美国加利福尼亚州年生产加工番茄 1 000 万 t 左右，在机械化一次采收情况下，平均每公顷产量高达 87 t。因此，对新疆加工番茄生产而言，高产稳产具有很大潜力。虽然许多原料工作者在长期的生产实践中，总结摸索出许多栽培技术模式，但这些技术模式在生产中推广应用的面积还较少。如果新疆的加工番茄不能在劳动力便宜等方面取得与加工番茄主产国产品的价格竞争优势，则产品难以大规模进入国际市场。为提高单产及原料品质，做到原料均衡供应，在加工番茄栽培技术方面应着重开展以下生产栽培技术的研究，通过适用生产栽培技术的推广，协助搞好原料基地的建设。

一是引进与研制加工番茄栽培专用农机具，提高机械作业水平；二是合理灌溉及采用节水灌溉技术；三是配方施肥及提高肥料的利用率；四是使用及推广化学除草技术；五是结合各地的气候土壤条件及技术力量水平，丰富栽培模式，如探索适于新疆条件的集约化育苗技术；六是采用病虫害综合防治技术；七是采用化控技术。

4. 原料基地建设 现在企业已经意识到原料基地实际上是企业的第一车间，原料基地建设的好坏直接关系到企业的生产效益乃至整个产业发展的成败。中粮新疆屯河股份有限公司还派人到红塔集团考察，学习红塔集团的原料基地建设经验及质量控制体系。企业与种植区当地政府及农技部门合作，紧紧围绕原料基地的建设开展工作。为大规模的农业基地开发寻找发展方向和依托，也为企业的稳步发展提供坚实的基础。这是当前加工番茄产业中难度最大、涉及面最广、最艰苦的工作，也是最富挑战性的工作。前面所提到的无论是新品种的推广还是新技术的应用都有赖于第一线的原料工作者面对面地传授、指导农民操作。因此，原料工作面临以下几个方面工作：①加强管理，包括原料工作人员自身管理和对农民的延伸管理；②龙头企业要真正起到龙头作用，建立良好的机制，与地方政府携手，加强基础建设，共同建立稳固高效的基地；③加快技术服务网络体系的建设，重视科技示范的作用，建立使新品种和新技术迅速推广的管理机制；④建立奖惩制度，充分调动科技人员、管理人员及广大种植农户的积极性，共同搞好原料工作；⑤加强培训工作，包括对原料队伍和农民的培训。

5. 产业各方有机结合，携手共建，推动产业的发展　加工番茄产业的发展，企业的龙头作用是至关重要的。企业不仅要担负自身的管理及发展任务，还担负着调动、指挥、协调产业链上所有环节的重任。这包括科研人员对新品种及新技术的研究，各级农技人员的科技服务，各级地方政府协助基地建设，广大种植农户精心管理等。而同时，任何环节上的有关单位，在加强自身建设和加快发展的同时，都要能站在产业的高度来支持产业的发展，强化市场意识。在当前番茄酱市场不景气的形势下，更不应该忽视对产业的基础建设，奠定好产业基础，才能更好地参与市场的竞争，促进产业稳步、健康的发展。

第二节　我国加工番茄种植和分布情况

一、我国加工番茄种植及分布情况

全球的番茄种植面积约为 500 万 hm^2，平均每平方米每年收获番茄 3.7 kg。中国是世界上番茄种植面积最大、产量最高的国家，年产量约 5 500 万 t，占蔬菜总量的 7% 左右。目前中国番茄的种植、加工、出口都处在稳定增加阶段，国内市场需求略有扩大趋势，消费结构趋于稳定。山东、新疆、内蒙古、河北、河南、云南、广西等地是我国番茄种植的主产区，宁夏则凭借独特的气候优势以及当地政府的引导与支持，迅速成长为新兴主产区。我国番茄种植可谓区域广泛、栽培气候各异、需求多样，这样也使得番茄品种少有适应全国多个产区的，因此品种类型十分丰富。对于大多数番茄产区而言，通过结合当地气候特征选择品种，形成种植习惯，安排上市，已发展为稳定的种植茬口，并且整个国内种植市场"连接"起来，实现了周年供应。北方番茄种植以保护地为主，南方以露地为主，但随着对商品性的重视程度不断提高，目前南方保护地种植呈增长趋势。北方以口感沙绵、颜色粉靓的粉果为主，南方以质感坚硬、颜色鲜红的红果为主，番茄品种（大番茄）呈现"北粉南红"的特点。

番茄粉果以保护地栽培为主，陆地种植较少，可见于宁夏、湖北等地。我国粉果春季保护地种植面积约 12 万 hm^2，主要分布于北方地区，种植广泛，其中保护地类型主要有早春日光温室、越夏拱棚，以及不多的越冬拱棚。早春日光温室种植粉果的产区主要有河北、河南、山东、辽宁、陕西、宁夏、甘肃、新疆等，一般于 11 月至翌年 1 月播种，4～5 月集中上市。据报道，宁夏日光温室番茄种植面积约 1.07 万 hm^2，年上市量达 64 万 t。上市期主要分为 3 个时间段，首先是 1～3 月，上市量约 8 万 t；4～6 月，上市量约 37 万 t；9～12 月，上市量近 19 万 t。拱棚和露地番茄的种植面积 0.93 万 hm^2 左右，年上市量约 70 万 t，上市期主要集中在 7～10 月。

越夏拱棚种植粉果的产区有山西、内蒙古、黑龙江、吉林等地，播种期通常为 3～5 月，上市期为 7～9 月。

越冬拱棚长季栽培粉果主要集中在浙江温州、台州等地，通过长季栽培技术，可将生育期延长到 10～12 个月，采收期达 7 个月。其中温州苍南县为主要代表，一般在台风过后的 8 月底至 9 月中旬播种育苗，10 月在水稻收获后搭棚移栽定植，采用普通大棚进行越冬栽培，一般不加温，春节至 3 月前后开始采收上市，可一直采收到 6 月中下旬。该栽培模式要求品种特别耐低温弱光高湿条件，能正常越冬。

粉果秋季保护地种植面积在 9.3 万 hm^2 左右，也主要分布于北方地区，各县市几乎都有种植，其中主要有秋季保护地、早秋拱棚及秋季播种的越冬保护地种植类型。秋季保护地种植粉果的区域较多，如新疆库尔勒、四川攀枝花、陕西的关中地区、山西大同、河北保定、山东东营、辽宁鞍山、江苏连云港等，播种期一般在

7～8月，10月即可上市；另外，山东聊城、内蒙古赤峰、宁夏银川、河南新乡、河北承德等地早秋拱棚栽培，其播种期略微提前至6月。

番茄红果陆地种植较多，我国红果陆地种植主要集中在南方，总面积在3.3万hm^2左右。其上市期主要为两个阶段，分别为11月至翌年2月，以及7～9月。秋栽冬收茬口的主要产区有云南楚雄、四川攀枝花、广西百色、广东惠州、福建福州等地。宁夏银川、湖北襄阳、宜昌等地则是为数不多越夏露地种植红果的产区，一般在7月集中上市，持续至10月上旬前后，此时天气已转冷，甚至有霜。目前，宁夏番茄越夏露地种植以粉果为主，粉果与红果种植面积比例约为8：2。红果春季保护地种植规模较小，在我国分布区域较广，但面积相对集中于某些市县或乡镇。其消费市场也主要在南方，上市时间集中在7～9月，以及12月至翌年5月。早春日光温室种植红果的产区主要有甘肃金昌、山西吕梁、山东东营、辽宁朝阳等；另外，越夏拱棚种植产区有山西阳泉、河北张家口、内蒙古赤峰、黑龙江牡丹江、山东烟台、安徽淮北、云南曲靖等。内蒙古赤峰越夏茬番茄栽培面积达0.7万hm^2，生产的番茄产量高、口感好、耐储运、质量上乘。

越冬拱棚种植红果的地区，主要分布在四川攀枝花、浙江温州、福建宁德等地，这些地区的采收期与云南楚雄元谋、广西百色等秋冬露地茬口有所重合。红果秋季保护地种植总面积近1.3万hm^2，市场规模相对较小，且分布区域较零散，其上市时间通常集中在10月至翌年1月。秋季保护地种植红果的产区主要分布在北方，如新疆、甘肃张掖、山西运城、福建莆田、山东烟台等地，南方区域则主要在福建莆田等地；早秋保护地种植区域主要有云南楚雄和红河、宁夏银川、山东东营、聊城莘县、辽宁葫芦岛等。

我国各地的红果番茄周年上市节律见图1-1，中心为陆地种植，外围为保护地栽培。根据红果的种植分布以及茬口分析表明，目前我国红果番茄已形成稳定的周年供应局势，市场竞争较为激烈，各地可根据不同的上市时期，合理调整种植规模。

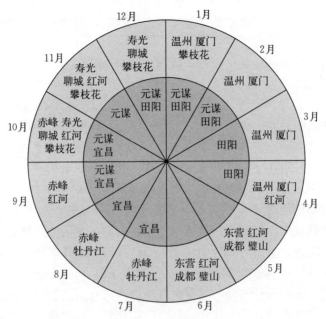

图 1-1　我国各地的红果番茄周年上市节律图

　　我国加工番茄工业起步于 20 世纪 60 年代，当时为了适应出口运输，国家扶持南方沿海地区发展番茄种植和加工。引进国际优秀加工番茄品种和加工设备，并将生产的番茄制品出口到欧洲等地区。但在这一过程中，逐步发现沿海地区的自然条件对加工番茄的种植不太适合，加工番茄原料产量和品质不够稳定，难以保证，使得我国加工番茄制品在国际市场缺乏竞争力。20 世纪 80 年代初，番茄被引入新疆种植和加工，新疆自然地理条件得天独厚，昼夜温差大、光照时间长、降水量少，非常适宜番茄生长，造就了新疆加工番茄产业的优势地位，使得加工番茄产业在新疆得到迅猛发展，经过 30 多年的发展，基本形成了规模化和产业化。新疆的加工番茄产量占到全国近 90%，占有 1/3 的世界份额。新疆番茄制品的出口对新疆农业的增收和特色农业的发展的发挥了重要作用，享誉国际。20 世纪 90 年代起，依托新疆沿天山一带的典型气候条件，加工番茄种植开始出现规模化产业化局面。

高效率的生产与加工、满足制品的多样化需求，科学育种、科学规划、种植技术与果实品质提高成为加工番茄产业发展的重要因素。其中果实日采摘量与制品加工产能需求量的平衡控制成为生产效益提高的关键要素之一，归结为种植产量预测的准确性与种植规划的科学性。由于番茄单株产量是构成规模化种植下的日产量、总产量的基本单元，单株产量预测便成为多约束条件下加工番茄产量预测的重点。

二、新疆加工番茄产业布局及种植分布情况

1. 新疆生产建设兵团加工番茄产业布局　我国现在加工番茄种植主要区域在新疆，自 1978 年新疆进行番茄的种植和加工开始，由于自然条件得天独厚使新疆的加工番茄番茄红素含量指标远高于其他地区，从而使新疆加工番茄名扬海外，产品逐渐走向全世界。新疆生产建设兵团各师发展加工番茄产业集群综合条件最好的是第八师，其次是第六师、第七师、第二师、第一师、第四师等，布局综合条件较差的依次是第十四师、第九师、第十三师等。根据分析结果和各师的地理分布，对新疆生产建设兵团番茄产业作出如下布局。

（1）以第八师（石河子）为中心的天山北坡番茄产业集群　从以上的分析中了解到，第八师、第六师和第七师综合布局条件较好，这三个师分布在天山北坡经济带的中心位置，该区域虽然光热资源不是很充足，但是无霜期很长，最长可达 150 d 左右，种植番茄病害轻，自然资源优势明显，且该区域位于哈密-博乐交通干线上，交通便利，非常适合集群发展。因此，天山北坡应依托其发展番茄产业的自然资源优势和区位优势，在发展番茄种植业的基础上，努力发展番茄加工龙头企业，延长该区域番茄产业的产业链，形成以石河子为中心的天山北坡番茄产业集群。

① 番茄育种、扩繁。天山北坡番茄产业集群可以依托第八师石河子蔬菜研究所、惠农种业、佳禾种业、石大科技种业、第六师

农业科学研究所、第七师农业科学研究所等番茄科研机构，进行番茄育种的研发工作，研制出优质、高产、抗病性强且具有知识产权的早、中、晚熟工业用番茄品种。同时，选择综合条件较好的区域，建设番茄品种展示区，对番茄新品种的特性进行测试。选育出的好品种通过惠农种业、佳禾种业以及各师农业科学研究所进行扩繁。

② 番茄种植基地。天山北坡番茄种植基地主要分布在准噶尔盆地南缘吉木萨尔以西至博乐以东地区，包括第八师的 8 个团场、第六师 4 个团场和 6 个农场、第七师的 5 个团场。该区域光照充足，6～8 月的平均气温为 22～25 ℃，日照时数达 1 200～1 420 h，积温为 2 580～3 530 ℃，日最高气温＞30 ℃的天数达 53～84 天，降水量为 20～100 mm，气温高，干燥少雨，加工番茄落花落果少、霉烂少。加工番茄生长期内平均最低温度 14～19 ℃，平均最高温度 30～34 ℃，平均相对湿度 39％～57％，非常有利于番茄红素和可溶性固形物的积累。此区域种植的番茄品质好、产量高，是加工番茄种植的极好区域。

③ 番茄制品加工业。天山北坡番茄制品加工企业生产能力占新疆生产建设兵团的 82％，其中第六师五家渠占新疆生产建设兵团生产能力的 45％。此区域应依托第六师的新疆中基番茄制品有限公司、中基红色产业研究院，第七师的新疆柳沟红番茄制品有限公司、新疆北纬阳光番茄制品有限公司，第八师的新疆天业番茄制品有限公司、新疆天达番茄制品有限公司、新疆博华生物科技有限公司等龙头企业的带动，加大经费投入，支持龙头企业优化产品结构，积极开拓市场，提高企业内功。重点提高企业番茄红素、番茄粉、番茄纤维、番茄籽油、红素胶囊等精深产品的加工能力，走"优质、精品"之路，提高该区域番茄产业集群的层次。

（2）以第二师（库尔勒）为中心的南疆番茄产业集群 通过分析结果可知，第二师的布局综合条件也较好，第二师地处天山南麓，该区域无霜期最长可达 180 d 左右，气候相对温和，番茄种植病虫害轻，是生产无公害原料的区域。而且第二师（库尔勒）地理位置优越，处在库尔勒-喀什的交通干线上，非常有利于集群的发展。因此，南疆可以第二师为中心，以库尔勒-喀什的交通干线为轴线，形成以第二师为增长极的南疆番茄产业集群。

① 番茄育种、扩繁。南疆番茄育种扩繁基地主要有第二师。2009年，太空番茄育种基地落户第二师22团，将团场品质产量较好的番茄品种通过神舟七号飞船升天，利用宇宙中的负离子和紫外线辐射的作用使种子的遗传性状发生改变，返回地面种植。经过试验，选育出了适宜团场栽培的新一代航天七号系列品系的番茄品种，为团场今后做大做强番茄产业、进一步开发相关的番茄深加工产品奠定了基础。此外，塔里木种业有限公司是南疆种子龙头企业，目前已实现了种子科研、良繁、扩繁、加工和销售一体化经营，实现了番茄种子生产规模化和专业化，为新疆生产建设兵团番茄种业发展作出了贡献。

② 番茄种植基地。南疆番茄种植基地主要分布在第二师和第三师，其中，第二师工业用番茄种植面积占整个南疆种植面积的98％以上。第二师自北而南分为焉耆垦区、库尔勒垦区、塔里木垦区、且末垦区四大垦区。其中，焉耆垦区和库尔勒垦区位于天山南麓冲积扇平原区域，水土资源好，适合机械化操作，膜下滴灌技术在番茄种植生产中广泛应用，非常适合种植中熟品种番茄。

③ 番茄制品加工业。南疆番茄产业集群应依托第二师新疆冠农果蔬食品有限公司、新疆新建番茄制品有限公司、和硕县天喜食品有限公司、和静瑞祥番茄制品有限公司等规模较大的番茄制品加工企业，在保持番茄酱、番茄丁产品产能优势的基础上，筹资引进新的生产线和生产技术，促进番茄红素、番茄粉等终端产品的加工生产。

总之，新疆生产建设兵团番茄产业集群的发展，要依据番茄种植原料优势和加工番茄制品加工企业的发展状况，还要综合考虑各区域的交通区位、劳动力条件等潜在优势。北疆建立以第八师为中心的天山北坡加工番茄产业集群，布局范围包括第八师石河子市、第六师五家渠、第七师奎屯等为重点发展区域的天山北坡经济带；南疆建立第二师库尔勒为中心的加工番茄产业集群，布局范围包括天山以南的焉耆垦区、库尔勒垦区及阿克苏至轮台一带。

2. 新疆生产建设兵团加工番茄种植分布 新疆加工番茄种植大部分在新疆生产建设兵团,新疆生产建设兵团得天独厚的气候条件造就了独具特色的加工番茄资源,自国家西部大开发战略实施以来,新疆生产建设兵团从自身的资源优势出发,依靠科技进步,提出了大力发展"白绿红"工程,其中,加工番茄产业是红色工程的主打产业。目前,新疆生产建设兵团已经成为我国加工番茄制品主要的生产基地之一。

三、新疆加工番茄适宜种植区

加工番茄对种植环境的要求较为严格,具体要求见表1-1,只有在类似地区才可种植加工番茄。在加工番茄生产环境各项指标中对温度要求最为苛刻,见表1-2所示,因此加工番茄种植的地域性较强,地球上最适合种植加工番茄的区域只有北纬30°~42°的内陆半干旱区域。新疆地处北纬37°~47°,光照强、日夜温差大、气候干燥、沙质土地十分丰富,具有加工番茄种植得天独厚的地理优势,尤其是北疆沿天山一带和南疆焉耆盆地适宜种植高品质加工番茄。

表1-1 加工番茄对环境的要求 (每年)

环境条件	>10 ℃的积温 (℃)	降水量 (mm)	生育期蒸发量 (mm)	日照时数 (h)	无霜期 (d)
要求	2 800~3 200	150~300	1 000~1 700	1 100~1 500	150

表1-2 不同生育阶段加工番茄对温度的要求 (℃)

生育阶段	温度要求		
	最低	最高	最佳
芽期	11	35	28~30
苗期	10	30	20~25(白天) 13~15(夜晚)
花期	15	35	20~30(白天) 15~20(夜晚)
果期	10	33	25~30(白天) 16~20(夜晚)

本种植区因地理位置、地势、地形的不同,农业气候条件有较大的差异,可分为两个亚区。

1. 温凉适宜种植区 包括准噶尔盆地东缘的奇台和北缘的福海及塔城,以及位于天山南坡海拔在 1 100～1 400 m 的拜城、乌什一带。本区属于温凉干旱区,6～8 月平均气温在 21～22 ℃,每年 ≥15 ℃的日数 108～128 d,积温 2 290～2 580 ℃,日照时数 1 150～1 200 h,降水量 54～79 mm,日最高气温≥30 ℃,平均日数 26～57 d,6～8 月平均相对湿度为 46％～59％,6～8 月平均最低气温为 13～14 ℃,夜间温度过低,造成开花不良,不能正常坐果,对产量影响较大,同时日间温度也较低,7～8 月最高温度仅为 28～30 ℃,不利于番茄红素和可溶性固形物的积累,品质较差。

2. 暖温适宜种植区 包括东疆的哈密、塔里木盆地东北部的库尔勒至铁干里克一线、西缘的喀什附近和正南缘的和田周围。本区属暖温带干旱区,6～8 月平均气温在 24～26 ℃,≥15 ℃期间的日数 145～167 d,积温为 3 410～3 780 ℃,日照时数为 1 728～2 712 h,6～8 月平均相对湿度为 38％～51％。6～8 月平均气温为 17～19 ℃,7～8 月最高气温达 32～35 ℃,过高的温度影响番茄红素的积累,造成产量和品质均不及最适宜种植区。

3. 可种植区 除以上两区之外的其他地区为可种植区,包括吐鲁番盆地、伊犁河谷东部、阿勒泰等地区。但这些地区或者温度偏低,早期容易出现低温造成幼苗冻死,同时积温过低不利于加工番茄花芽分化和产量形成;或者温度偏高,影响加工番茄正常生长和番茄红素形成,导致加工番茄产量低、品质差,不适合大面积种植。

第二章 膜下滴灌加工番茄栽培的生物学基础

第一节 膜下滴灌加工番茄栽培对生态条件的要求

加工番茄产业是新疆最重要的红色产业之一。新疆生产建设兵团种植加工番茄面积约占新疆加工番茄种植面积的50%，总产约占60%，加工番茄产业已成为新疆生产建设兵团的重要支柱产业。近年来，新疆机采加工番茄种植面积迅速扩大，占比达到70%以上。适合机采且丰产、优质、抗病的加工番茄新品得到加工番茄企业和职工的追捧。

北纬30°~42°是地球上适合种植加工番茄的区域，而中国新疆、内蒙古、甘肃等地充足的日照和昼夜悬殊的温差，造就了加工番茄果形大、红色素高、可溶性固形物含量高的优良品质。

新疆属于典型的大陆性干旱气候，干燥少雨、光热资源丰富、气温日差较大，所产加工番茄产量高品质优。干燥少雨环境下所产加工番茄病虫害少，光热丰富、昼夜温差大，有利于糖分积累、光合产物，番茄红素及可溶性固形物含量高。

加工番茄是新疆规模化种植的主要蔬菜作物，新疆是中国重要的加工番茄生产基地，加工番茄产业现已成为新疆独具特色的优势产业。

一、温度

影响加工番茄生长发育的温度包括气温和地温。加工番茄属喜温、半耐旱性作物，其生长发育的适宜温度为 13～30 ℃，其中白天以 22～26 ℃ 最适宜，夜间以 15～18 ℃ 最适宜。在温度低于 15 ℃ 的条件下，其生长缓慢，不形成花芽或不开花；环境温度低于 10 ℃，生长不良；环境温度为 5 ℃ 时，其茎叶停止生长；温度降低至 −2～−1 ℃，其植株会受冻死亡。适宜加工番茄生长的温度高限为 33 ℃，气温达到 35～40 ℃ 时，其生理状态失去平衡，叶片停止生长，花器发育受阻，45 ℃ 以上则引起生理干枯致死。在最适宜的温度条件下，白天的高温有利于植株营养物质积累，而夜间的低温能减弱植株的呼吸作用而减少营养消耗，有利于提高植物体内营养物质的积累和促进植株以及果实的生长。加工番茄不同生育阶段对温度的要求不同。在种子发芽的 7～9 d，其根系生长的最适宜 5 cm 地温为 20～22 ℃，低于 8 ℃ 时根毛停止生长，所以早播地块的地温应稳定在 8 ℃ 以上；在幼苗期，从第 1 片真叶展开至第 1 花序现蕾开花前，此阶段以营养生长为主，但一般自第三片真叶展开时苗端即开始花芽分化，此期对温度的要求是最适温度为昼温 20～25 ℃、夜温 10～15 ℃，低于 0 ℃ 则停止生长，−12 ℃ 就会冻死。在一般栽培条件下遇短期 6～8 ℃ 低温有利于增强幼苗的抗寒能力，但幼苗长期处于 15 ℃ 以下时则花芽分化不良，形成大量丛生株或其他畸形苗；高于 30 ℃ 以上易造成徒长，同样生长不良。在幼苗期最适宜的地温是 22 ℃ 左右，低于 13 ℃ 时根的生理机能下降，8 ℃ 左右时根毛停止生长，6 ℃ 以下时根尖也停止生长。地温高于 33 ℃ 根系生长不良，高于 38 ℃ 则整个根系停止生长。在开花坐果期加工番茄植株对温度变化较为敏感，其适宜温度白天为 20～30 ℃，夜间为 15～20 ℃，温度低于 15 ℃ 不能开花，并易引起落花，白天高于 35 ℃ 或夜间温度高于 20 ℃ 则开花不良，引起落花，不能结果。在果实发育期其需要的适宜温度为白天 24～28 ℃，夜间 16～20 ℃，此期温度过低则果实生长缓慢，温度过高又会造成授粉不良，坐果减少，易形成空洞果。另外番茄红素的形成与温度密切相关，最适宜的温度为 20～24 ℃，高于 30 ℃ 或低于 12 ℃ 都不利于番茄红素的形成，造成果实着色不良，品质下降。

二、光照

加工番茄是喜光作物，除种子发芽期外整个生育时期都需要较强的光照。光照不足，极易造成植株徒长、营养不良、开花减少、花器发育不正常和落花；光照过强，又容易造成坐果率下降或果实灼伤。加工番茄对日照长短的要求比较宽，其光饱和点和光合能力在茄子、甜椒、黄瓜等18种蔬菜中都是最高的，表明其整个生长发育期都需要强光照，而且耐弱光能力较差。在光照度不足时，光合能力很快下降。

在新疆因光照充足，加工番茄产量较高。在加工番茄生长过程中，其一天的净光合速率日变化曲线呈明显的双峰形，上午随着光强和温度的升高，其净光合速率增大，最高值出现在11:00左右，在13:00左右有一定程度的下降，出现光合"午睡"现象，在17:00左右又逐步恢复到另一个峰值，比第一峰值低，随后净光合速率不断下降。加工番茄光合作用的日变化是叶片光合能力与环境条件的日变化综合作用的结果。在9:00—11:00，是加工番茄光合作用的旺盛时期，光合速率维持在个相对稳定且较高的水平，此时光强、温度和湿度都处于较适宜的阶段，加之早晨叶肉细胞内糖和淀粉的"库"量较少，作为"源"的叶绿体合成的光合产物既可运输出叶片，又可在叶肉细胞内暂时储存一部分，这时光合产物运输畅通，光合作用能正常旺盛进行，所以单叶的光合能力就比较高，形成了净光合速率的第一次高峰。到中午，光强大，温度高，湿度低，蒸腾速率加快，而气孔导度和叶细胞内的 CO_2 浓度都下降，致使净光合速率下降。

三、水分

加工番茄植株的90%以上，果实的94%～95%是水分，因此种植过程中需水量较大，但由于其根系强大，吸水能力强，而地上部又着生茸毛和根毛，叶呈深裂状，能减少水分蒸发，所以又属半耐旱性作物。在加工番茄的不同生育阶段，其对水分的需求是不同的。在幼苗期营养体小，总需水量较小，但由于根系小，吸收力差，此时对土壤水分很敏感，所以要求土壤水分保持在土壤有效水分 50%～70%的较高水平。因为苗期加工番茄对水分敏感也是用水促控幼苗生长的有效手段，保证苗期充足的水分是养好苗的前提。进入营养生长盛期后，随着植株的长大，根系发达，总需水量比苗期显著增多。从出现花蕾后到第一穗果实迅速膨大前，是其营养生长盛期向生殖生长盛期的过渡期和转折期，是用土壤水分调控秧果关系的重要时期。出现大花蕾后要充分灌水，缓苗后再灌一次水，要精细中耕，以促进根系向深向广发展，植株茎粗叶大，为以后大量开花结果打好基础。此期土壤湿度相应保持在 60%～70%，否则易造成茎叶徒长，引起落花落果。此时的空气湿度和降水对开花结果有很大的影响，连续降水和高温干旱对开花坐果极为不利。结果期是番茄一生中果实发育对水分的需求最多的时期，因为此时期加工番茄连续结果，需水量多，持续时间也长，在此期间整个植株越长越大，气温也渐高、蒸发量加大，果实本身又鲜嫩多汁，大部分由水组成，且果实数目多、穗果在不断膨大成熟，所以土壤水分（相对含水量）要达到 70%～80%，以经常保持土壤表面湿润为宜，此时期也就是"大水大肥"时期。

综上所述，加工番茄在开花初期土壤相对含水量维持在60%～65%，开花坐果期维持在 75%～80%，结果期维持在 80%～85%较为适宜，这样加工番茄表现为长势较好，根系发育较为合理，群体光合速率和蒸腾强度较强，干物质日均积累量达到 5.0 g 以上，叶面积指数相对维持较高，这亦可作为加工番茄水分管理的技术指标。

四、土壤及营养

加工番茄对土壤要求不太严格，但最好选用土层深厚、排水良好、富含有机质的肥沃壤土。番茄在生育过程中，需从土壤中吸收大量的营养物质。加工番茄从外界吸收的营养物质包括碳、氢、氧、氮、硫、磷、钾、钙、镁、铁、铜、锰、锌、硼、钼、氯16种元素。其中吸收量大，且必须从土壤中补充的营养如氮、磷、钾称为大量元素，以"肥料"形式施入土壤。据报道，生产5 000 kg加工番茄果实，需要从土壤中吸收氧化钾33 kg、氮10 kg、磷5 kg。这些元素73%分布于果实中，27%存在于茎、叶、根等营养器官中。在某些情况下也要施入微量元素肥料，如果缺乏某种营养，加工番茄就不能正常生长发育，出现生理病害症状时。维持足量和平衡的营养供应是种好加工番茄的重要的条件。

在加工番茄的不同生育阶段对营养的需求是不同的，加工番茄进入幼苗期就需要从土壤中吸收养分，此时从消耗种子本身储藏的养分的自养阶段过渡到从外界吸收养分的他养阶段，即需要"施肥"的阶段。在幼苗期需氮量最多，磷、钾次之，其比例为氮：磷：钾＝1.5：1：1，此时幼苗生长健壮，生育状况良好。进入营养生长盛期后，随着植株不断长大，营养生长旺盛，此时也正处于花芽分化期，此时若肥料不足，会影响花芽的分化，所以充足而完全的肥料极为重要，特别不能缺氮肥和磷肥。花芽分化前78 d早期缺氮导致芽分化数减少，所需花芽分化时间也延长；缺磷和钾，特别是缺磷会使花分化数减少并延迟花芽分化时间。在果实膨大期和成熟期，充足而合理地施肥会促进果实膨大和及早成熟，种子也发育饱满；钾肥增加果实酸度，且增强植株自身的抗病性。在生产实践中，应在加工番茄的不同生育阶段中施用不同肥料。因加工番茄一般是营养生长和生殖生长并行，施肥时应保证两者均能获得满足，因此，应根据栽培地条件、品种、栽培方式、生产目的等制订合理的施肥方案，方可达到优质、丰产、抗病的目的。

五、空气

加工番茄和其他作物一样，植株和果实的90%～95%是靠光合作用形成的。维持生命活动的光合作用和呼吸作用是在阳光和水的参与下 CO_2 和 O_2 互换的结果。番茄发芽期 O_2 浓度下降到 2%，会严重抑制种子发芽，下降到 1% 就完全不能发芽，5% 以上发芽即接近正常。CO_2 对发芽影响较小，在浓度增大到 40% 时才开始抑制发芽，发芽率降低 30%，发芽日数延长 3.6 倍。在生长期，土壤通气良好，空气充足，则根系的生长和吸收功能增强；若通气不足则根系短粗，根毛少，不能正常吸收水分、养分。因此，在加工番茄生长过程中，早期应加强中耕，增加土壤的通透性，促进根系健康生长，以达到增产目的。

第二节　加工番茄植株生长发育特性

加工番茄为多年生草本植物，在适宜的生长条件下，可多年生长。完整的加工番茄植株由根、茎、叶、花、果实和种子组成。

一、根

加工番茄的根由皮层薄壁细胞、韧皮部、初生木质部及次生木质部组成，其根系具有深而强的分枝。包含在种子里的胚根在种子发芽时就开始生长发育了，由胚根形成主根和侧根。侧根由内鞘细胞分裂形成，穿过根的外侧组织向外伸出。根毛是继主根和侧根的伸长而分化的部分，是从表皮的一部分生出的单细胞器官。起初只有主根垂直向下生长，后于其基部分生出第 1 列侧根，并迅速向四面扩展，然后再生长第 2 列侧根、第 3 列侧根。主根和侧根具有固定和支持茎叶的功能，随着地上部生长而扩大其范围，但不直接进行养分的吸收，养分的吸收是靠从根的表皮的一部分生出的单细胞器官——根毛来进行的。加工番茄发芽后 30 d，主根可深入土下 38 cm，横向伸展 42 cm；出苗后 60 d，主根可深入土下 86 cm，横向伸展 120 cm 左右；发芽后 100 d，主根可深入土下 106 cm，但绝大部分根系均分布在 50 cm 以上部位，而横向生长可达 2.5～3 m。

根的分布位置主要取决于土壤结构、土壤成分和土壤湿度等条件。在施用有机肥的部位，细根生长特别旺盛。在滴灌条件下，根可达地下 80 cm 处，但主要分布在 0～30 cm。因此，可加强水肥管理促使根系良好发育，地上部分生长也就旺盛，所谓"根深叶茂"实质上就是地上部与地下部有相辅相成的作用。品种与根系的发育也密切相关，凡地上部生长旺盛的品种其根群也较发达。

加工番茄根的再生能力很强，不仅主根上容易生侧根，在根颈或茎上，特别在茎节上很容易发生不定根，而且生长很快。在潮湿的土壤环境中，如果温度适宜，茎基部很容易产生大量不定根。利用这一特性，栽培上可以育苗移栽，还可通过扦插侧枝的方式进行无性繁殖。加工番茄根的生长受许多因素影响，通常更喜凉爽的气候，对低温的抵抗力较弱，并且可以在大约 10 ℃的地面温度下缓慢生长，在 20～25 ℃时会生长旺盛，在 35 ℃以上生长会受阻碍。

二、茎

加工番茄的茎为直立型，茎的横剖面在幼苗期为圆形，到生长盛期绝大部分变成带有棱角和凹沟的形状，茎上着生茸毛，表皮内部薄壁细胞含有油腺，茎干受伤后可见有黄绿色带有加工番茄特有气味的汁液分泌出。茎的输导组织有将同侧根、叶和果实相连接的作用，叶片制造的营养有向同侧果实输送的特点。大多数加工番茄品种幼苗胚轴呈紫色，主要因幼苗茎上有花青素，该性状由遗传基因控制，是识别品种的一个指示性状。

茎的主要作用是支持地上部，也是把根所吸收的原料物质和叶所生产的有机物质向体内各部分输送的通路。绿色的茎也可进行光合作用，但与叶相比占次要地位。加工番茄因茎顶端形成花序的情况不同，分无限生长与有限生长两大类型。

无限生长型：自主茎生长 7～9 叶后，开始着生第一个花序（晚熟品种第 10～12 片真叶后才生第一个花序），以后每隔 2～3 叶着生一花序。花序下的侧芽可继续向上生长，由叶腋抽生的侧枝上也能同样发生花序。因此，这一类型的植株高大，每个主茎可着生5～8个或更多的花序，结7～8穗果实，该类型开花结果期长，总产量高。

有限生长型：在主茎生长6～8片真叶后，开始着生第一个花序，以后每隔1～2节着生一花序（有些品种可以连续每节生花序）。但在主茎着生2～3个花序后，不再向上伸长而自行封顶；由叶腋抽生的侧枝，一般也只能发生1～2个花序就自行封顶。因此，这一类型的植株矮小，开花结果早而集中，供应期较短，但早期产量高。

目前生产上推广应用的品种一般都属于有限生长型，当植株主茎长到一定节位以后，以花序封顶，主茎上果穗数的增加受到限制，而叶腋间抽生的侧枝继续生长、开花、结果。植株高度在0.4～1.2 m，坐果比较集中，结果较多。

三、叶

加工番茄的叶片为羽状复叶，互生，具卵状小叶，叶缘浅裂或深裂。多数栽培品种为普通叶型。根据叶片形状和缺刻的不同，加工番茄叶片可分为3种类型，即：缺刻明显、叶片较长的普通叶，叶片多皱、较短、小叶排列紧密的皱缩叶，叶片较大且叶缘无缺刻的马铃薯型叶。由于叶着生的部位不同，裂叶形状有较大的差别。第一叶、第二叶为小型，呈不规则形，裂片数少；从第三叶起呈现加工番茄的独特性状，随着叶位上升，裂叶数也增加。叶柄是支持叶身附着在茎上的棒状部分，为叶身和茎间养分和水分的通道，并且有使叶片变动方向的作用。

叶的最重要的生理作用是光合作用，欲求加工番茄高产，首先要促进叶片旺盛生长，较大的叶面积系数是光合作用的基础，同时也能促进蒸腾作用和呼吸作用。通常早熟品种的叶面积比晚熟品种的叶面积小。在肥沃地栽培的加工番茄叶面积通常比普通地栽培大1/3～1/2。栽培中还要适当控制茎叶防止其过于茂盛，协调营养生长与生殖生长的关系，使之有适当的叶果比。

加工番茄叶片大小、形状、颜色因品种、环境而异，可作为鉴别品种特征、评价栽培措施的生态依据，如一般情况下，早熟品种叶片小、较稀疏，晚熟品种叶片大、浓密。露地栽培加工番茄叶色深、肥厚，设施栽培加工番茄叶色浅、薄。肥力不足、水分过大时叶色浅、小，肥力充足、水分适中时，叶色浓绿、大。低温时叶片发紫，高温时叶片向上内卷。加工番茄叶片及茎均有茸毛和分泌腺，能分泌特殊气味的汁液。

四、花

加工番茄的花为完全花，由花梗、花萼、花瓣、雄蕊和雌蕊5部分组成。加工番茄花是双性花，聚伞花序，小果型多数是复总状花序。花序散布，每朵花有5～10小花，加工番茄的每朵小花都由花序梗、花萼、花瓣、雄蕊和雌蕊组成。雄蕊短，花丝和6个花药结合到花管中围住花柱。雌蕊位于雄蕊的内侧，由胚珠、子房、花柱和柱头组成。加工番茄是具有黄色花瓣和绿色斑点的自花授粉植物。每个小花在花序梗的中间都有一个明显的断层带，由花蕾分化过程中分离的细胞组成。当环境条件差时，会形成脱离，导致花朵掉落。

加工番茄花的颜色为黄色，但随着花朵开放的程度不同颜色深浅会发生相应变化，初开的蕾为浅绿色，盛开时花为鲜黄色，花谢时呈黄白色，所以同一植株不同时期开放的花，其颜色深浅不同。花的大小因品种不同而异，为1.5～2.5 cm，小果种花小，大果种花大。开花后花冠具下垂性，大多数向下，这有利于自花授粉。

由于品种及幼苗期的环境和营养等条件不同，加工番茄第1花穗着生的位置有一定差别。一般在第2节与第9节之间着生第1花穗，早熟品种可在第6或第7节着生，晚熟品种在第14或第15节着生，第1花穗着生后一般每隔3片叶着生一花穗。加工番茄的各节叶腋都能分化腋芽，由于顶端优势，这些腋芽在主茎生长旺盛时期伸不太长。但是当生长点顶芽分化成花穗时，茎的生长停止，暂时失去了顶端优势，紧靠花穗下面的腋芽比其他部位的腋芽伸长更快，从叶腋发生的分枝隔 1～2 片叶即又封顶成花序。

加工番茄花开放过程所需时间因环境条件而异，温度较高时需时较短，反之在较低温且湿润的情况下需时较长，通常 22～25 ℃时花朵自花冠外露到开放需要 3～4 d。开花多在 4:00—9:00，14:00 后少开花，温度低于 12 ℃ 则停止开花，高于 35 ℃ 则花蕾与花易凋落。在 21～31 ℃ 且相对湿度较为适宜时开花最多，一般花冠露出至凋萎约需 5 d，但环境不同也会有所差别。

五、果实

加工番茄果实是由子房发育而成的多汁浆果，由果肉（果皮的壁及外皮）和果心（胎座和包含种子的心室）组成。其形状多种多样，但以长圆形或梨形为多。果实的发育可分为两个时期，第 1 阶段是从授粉到果实停止增大，即果实生长阶段，这一时期以合成过程为主，是有机营养物质积累的过程；第 2 阶段是从果实发育停止到完全成熟为止，即果实成熟阶段，此阶段分解过程占优势，为物质转化过程，淀粉转化为糖，原果胶转化为果胶，叶绿素转化为茄红素、胡萝卜素等，从外观上看果实由绿色逐步变成红色，质地由硬变软。果实生长过程及速度呈现"快-慢-快"的 S 形曲线，整个发育期大体上可分为 3 个阶段，即果实第 1 次快速生长期、果实缓慢生长期和果实第 2 次快速生长期。

六、种子

加工番茄的种子呈扁平圆形或肾形，灰褐黄色，大多数表面被短茸毛。种子由种皮、胚乳和胚组成。加工番茄种子相对较小，约 4.0 mm 长、3.0 mm 宽、0.8 mm 厚，千粒重 2.7～4.0 g。种子成熟比果实早，通常开花授粉后 35 d 左右的种子即具有发芽能力，而胚的发育是在授粉后 40 d 左右完成，这样授粉后 40～50 d 的种子完全具备正常的发芽力，种子的完全成熟是在授粉后的 50～60 d。加工番茄种子寿命一般较长，如保存在装有生石灰的密闭桶中，10 年后仍有相当高的发芽率，在普通环境下储放 2～3 年也可发芽。影响发芽率的主要因素是温度及湿度条件，其中最主要的是湿度，为延长加工番茄种子寿命，要尽可能保存在较低的温度及干燥条件下。0 ℃以下低温、30% 左右的空气相对湿度，可以较长时间保存加工番茄种子。

由于我国加工番茄种植面积较大，因此，每年浪费的加工番茄种子量也很大，特别是近年加工番茄种子价格上涨，造成了巨大的经济损失。随着加工番茄产业的飞速发展，通过种子丸粒化包衣技术提高种子质量已成为加速提升加工番茄产量和品质的关键环节。通过先进的技术、专业化的设备，对种子的生物特性和物理特性进行详细分析，通过丸粒化包衣处理，获得颗粒大小均匀一致、形状规则、饱满健壮的优质商品种子已成为一种趋势。种子加工不仅能使良种优异的生物学特性、遗传学特性得到保留和发挥，而且可实现大面积精细化直播作业，大大提高良种的播种品质，进一步提高良种的科技含量和商品价值。

第三节　膜下滴灌加工番茄栽培对品种的要求

加工番茄是普通番茄中的一种栽培类型。主要特点是矮化自封顶，不搭架不整枝栽培，一般植株高度在 30～90 cm，分枝数多，匍匐、直立或半直立生长，花期较集中，果实多数椭圆形，也有方圆形和长椭圆形等，比普通栽培番茄略小，一般 30～120 g，果皮比普通栽培番茄厚，耐储藏运输。在我国主要集中在新疆，逐渐发展到内蒙古、甘肃、宁夏等地，主要用途是送入加工厂加工处理，处理产品主要是番茄酱，另有番茄干、番茄粉、番茄红素等产品。

一、加工番茄品种描述

番茄品种描述的主要内容有番茄的生物学特性、商品经济学特性以及栽培技术要点等。

二、加工番茄选育

在番茄品种的选育过程中，育种家们首先根据育种目标选育稳定的自交系，再进行杂交组配，然后以当地主栽品种作为对照，进行品种比较试验。选择一个或多个性状明显优于对照的品种（组合），进行区域试验及品种展示，对在区域试验中表现优良的品种进行生产试验和销售推广。

在新品种推广过程中，应以布点为主。由于作物具有区域的适应性、季节及栽培茬口的适应性，切忌不经试种盲目大面积推广。

三、番茄演化发展历史

中国番茄品种的发展经历可归纳为以下四个时期。

1. 品种引进期　20 世纪 60 年代以前，种植的品种主要是外引品种，基本上没有中国育成的品种。从国外引进的品种主要有冠群、真善美、矮红金（美国）、初晓、潘嘉、卡德大红、早雀钻、卡森、早红（早熟 8 号、早利，从日本引入）、金后、大贝、圆球、仲贝尔、迈球、新球、珍珠港（华南 5 号）、磅大洛沙、魏妃、红云、粉红甜肉、卢特格（红体健）、石墩（石东）、凡林脱（红瓦伦特、红瓦德特、瓦尔特、红英雄）、胜利者（美国）、黄梨、黄李、金磅大洛沙、保加利亚 10 号，50 年代引入的比松、灯塔、哥立波夫、波兰摩雷 33 号及日本兆光等。在各地栽培时间较长、栽培面积较大的品种有苹果青、长箕大红、本地大红、402 大红、北京早红以及 1949—1952 年从美国引进的粉红甜肉、格利克斯大粉、橘黄嘉辰、卡德大红等。这个时期番茄作为一种新奇的蔬菜种植，各地品种单一，种植比较分散，种植面积较小，果实较小，产量低，抗病性差，农户自己种植、自己留种。

2. 常规品种时期 20 世纪 60～70 年代，中国番茄品种以常规种为主，国内自主选育的品种占据了优势，番茄种植呈规模化发展。

番茄常规品种选育一方面是有目的地从地方品种或外引的优良的品种中进行株选，另一方面是从地方品种或外引品种有性杂交后代中选育。

有目的地从地方品种或外引品种进行株选的品种有北京早红（从 Stone 中选）、强力米寿（从日本杂交种中选）、锡粉 1 号（从强力米寿中选）、密植红（从加八中选）、青秆早红（从弗洛雷德中选）、红玛瑙 140 和青岛早红（从 6613 中选）、汴红 2 号（从青岛早红中选）、粤农 2 号（从加州 6 号中选）、粤选 1 号（从粤农 2 号中选）等品种。

20 世纪 70 年代初，国内番茄生产上病毒病大发生，从美国引进弗洛雷德、Ohio MR - 12、Ohio MR - 9，从日本引进强力米寿，从墨西哥引进特罗皮克，从荷兰引进的满丝、荷兰 1 号（厚皮小红）、荷兰 5 号（北京大红）等番茄优良品种和抗病材料并进行了杂交选育工作。

杂交选育番茄品种常用的主要亲本试材有北京早红、粉红甜肉、早粉 2 号、强力米寿、罗城一号、66 - 13 等，其中早粉 2 号、强力米寿和强丰在 20 世纪 70～80 年代成为常规种的主栽品种，覆盖了中国几乎所有粉果种植区。

这一时期的番茄品种特点：以常规品种为主，产量比以前有明显的提高，果实明显比以前增大，抗病能力较以前明显提高，尤其20 世纪 70 年代引进的和国内选育的含有 Tm - 1 基因的品种，对病毒能力的抗性有较大的提升。

3. 抗病杂交品种时期 20 世纪 80～90 年代中国主推的番茄品种以抗病杂交种为主，80 年代以单抗病毒病的杂交种为主，而 90

年代则以多抗的杂交种为主，与此同时，随着保护地发展，更加注重冬春保护地品种的选择，番茄成为中国主栽的重要的蔬菜之一。

自 20 世纪 70 年代末至 90 年代前期以黄苗 Manapal201（Tm-2nv）为主要亲本的抗病杂交种成为中国番茄抗病毒病育种的一大特色，相继育成了西粉系列、中蔬系列、佳粉系列、苏抗系列、东农系列、浙杂系列等抗病毒病的杂种一代 50 多个品种。

这个时期番茄品种的主要特点是实现了高抗病毒和杂交种的双突破。以杂交种为主流，品种丰富，抗病性有显著提高，适合保护地生产的番茄品种占据了优势，基本实现了高产与抗病统一，基本能满足种植者的需求。

4. 高品质品种时期　番茄品质包括外观品质、风味品质和营养品质，由于番茄是浆果，其耐储运性和长货架期则成为影响番茄外观品质的重要内容。

自 20 世纪 90 年代开始，耐储运、适合基地大规模生产的番茄品种受到了种植者和经营者的欢迎，美国肉质较厚的耐储运的番茄试材得到广泛应用，尤其合作 906 和金棚、保冠的大面积推广，引发了中国番茄品种史上一次品质改良的革命。

21 世纪初期，番茄黄化曲叶病毒（TY 病毒）席卷北方保护地种植区域，抗 TY 病毒的硬果品种受到欢迎，先后在国内推广的有先正达种子公司的迪芬尼、齐达利、惠裕等，西安金棚种苗公司的金棚 10 号、金棚 11、金棚 8 号等，上海菲图种业公司的瑞星 1 号、瑞星 2 号、瑞星 5 号等，浙江农科院的浙粉 702，石家庄农博士科技开发有限公司的农博粉霸 3 号、农博粉霸 15、农博粉霸 1321、农博粉霸 1316 等。

风味品质优良的加工番茄品种的选育也在不断进行，20 世纪 90 年代后期相继从台湾农友种苗公司选出高糖度的小型番茄圣女、碧娇、千禧、春桃等，紧接着北京农林科学院选育出京丹 1 号和绿宝石等，石家庄农博士科技开发有限公司选育出农博粉冠、农博粉 1026、万人迷、仙女、甜妹等，德澳特推出普罗旺斯、沈阳德亿农业发展有限公司推广粉太郎等。

目前，加工番茄品质已成为育种者、种植者、经营者和消费者共同关注的首要的目标，外形美观、风味优美、便于储运、抗病高产、周年供应成为大家共同关注的品质。

四、常见加工番茄品种

1. 普通番茄　所有的普通番茄都是自交能孕和唯一可近亲交配的。野生樱桃番茄的柱头在开花时会伸出，比花药圆锥体稍高一点，因此，会有一小部分自然杂交。

普通番茄为一年生植物，有蔓性、半蔓性或直立性等，其叶片缺刻深浅不一，从光滑到有细毛茸，花序从单总状到复总状，花少数或多数，花有小、中、大各种类型，花萼短于或长于花冠，子房光滑或带茸毛，柱头为圆柱形，果实有扁圆形、圆球形、球形和长圆形等不同形状，子房有少数或多数者，果色为火红、粉红、橙黄、深黄、淡黄、绿色、紫色等多种。

植株矮性的平均为 50～80 cm，高而蔓性的甚至有 3 m 或更高的，不同品种的茎在幼苗期大多是直立的，至果实长大后通常因果实重量而多倒伏。

果实有各种形状，萼洼有宽窄和深浅之别，果重一般 100～500 g。单果中有种子 40～400 粒，种子呈心脏形，有毛，扁平。

（1）樱桃番茄（*L. esculentum* var. *cerasiforme*）　番茄的祖先是樱桃番茄，樱桃番茄是唯一在南美以外发现的野生番茄，樱桃番茄比其他普通番茄属的种能更好地适应热带潮湿的条件。

植株生长强健，茎蔓性，体表被细而短的黄色茸毛（长 2.5 mm）。叶大、缺刻深、裂片长、先端渐尖，间裂片为椭圆形、卵圆形或圆形。花序主要为单总状，或长或短，花数较少，主要由 5 花被组成，少数有 6 花被的。花萼与花瓣几乎等长。子房球形，柱头短或与雄蕊等长。果实为球形，有火红、深黄等颜色，果实为 2 室，果实光滑或有茸毛，种子心脏形、有茸毛。

这一变种分布区广泛，在墨西哥、秘鲁等地均有分布。樱桃番茄果实味酸，广泛应用于罐头食品中，也可作为选育抗病品种的原始材料。

（2）梨形番茄（*L. esculentum* var. *pyriforme* Alef）　植株生长中强，茎直立或蔓生，光滑或被茸毛，叶中大到大。花序主要为单总状，少数有强烈的分枝，花少数，偶有多数。花萼短于花瓣，花瓣渐尖到椭圆。子房长形，柱头短或与雄蕊等长，果实为 2 室，偶有 3 室。果形指数为 1.5～2.0，果色有红色、黄色、粉色等，果实心脏形、有茸毛。

梨形番茄与球形番茄杂交所得后代呈椭圆形、长圆形及卵圆形，与栽培品种杂交得到的后代变异很大，由此产生了很大的选择性，可以获得许多有价值的品种。

（3）李形番茄（*L. esculentum* var. *pruniforme*）　植株生长中强，茎高 130～150 cm，叶中等大小，裂片缺刻深，花序单总状、较短，长 8～10 cm。花少，7 朵左右，花中等大小，有 5～6 个花瓣，直径 2 cm，花柱长短与雄蕊相等，果实小形（长 2.5～3.0 cm，宽 1.5～2.0 cm），果形指数为 1.5～2，果实为 2 室，果重 15～20 g，果色有红、黄、粉红色等，种子少。

（4）长圆形番茄（*L. esculentum* var. *elongatum*）　植株生长中强，茎直立或蔓生，高为 70 cm，其上被茸毛。叶中大到大，裂片卵形、全缘。花序有单总状，偶有复总状，花有多有少，通常具有 7 朵，花被 5 出，少数有 6 出者，萼片短于或长于花瓣，花柱等于或长于雄蕊。果实重 30～50 g，有火红、粉红及深黄等颜色。

该种为食用种，分布较广，具有很高的干物质含量。故为培育加工品种的良好原始材料。同时对土壤要求不高，适应性较强。

（5）大叶番茄（*L. esculentum* var. *grandifolium*）　植株生长中强，叶覆盖中等或稀少。茎具蔓生性，被茸毛，叶大，有的似马铃薯叶，所以又称其为薯叶番茄。叶的裂片为 1～2 对，全缘，间裂片及小裂片缺少。花序呈单总状或复总状。花中、小型，有 5～7 花被。果实有圆形、扁圆形及扁平形等多种，有的也有椭圆形。心室从少数到多数。果色有火红、粉红或黄色等多种。

这一变种在栽培品种中为数不多，在经济栽培上并无特殊价值，仅根据叶形的特殊性，而列为一个变种。

（6）直立番茄（*L. esculentum* var. *valiudm* Baily） 植株生长强健，呈矮性或中等高度，分枝性强，茎粗壮呈直立，节间短，茎上有茸毛。叶柄短，叶色浓绿，皱褶明显。花序从单总状到复总状，花从少数到多数，花从小到大，有5～6花被。果实呈圆球形、扁圆形或扁平形，表面平滑或有棱。主要有火红色和粉红色两种果实。

2. 契斯曼尼番茄 契斯曼尼番茄是番茄界第三个果实有色的种，是唯一在加拉帕戈斯群岛上发现的，由于在地理上与大陆上的种完全分离，因此可判定是单独进化成的，各种类型的契斯曼尼番茄都是自主能孕的，因而只能是近亲繁殖。各个群体都很一致，自花授粉导致果实小（直径1 cm），果实成熟时常为橙色。有些同型遗传小种色素含量少，果实成熟时为黄色或黄绿色。契斯曼尼番茄对于植物育种家没有提供有用的抗病基因，但契斯曼尼番茄变种的一个有价值的特性是抗盐，野生种海岸群体中存在许多抗性基因，和已经驯化的普通番茄栽培种 Walter 进行了回交，所得群体能在用70％的海水灌溉下生存和结果。

3. 小花番茄和奇美留斯基番茄 这两个绿色果实的种的变异中心，处于秘鲁的南纬12°～14°，西经72°～74°。该地区为秘鲁的腹地，为比较孤立的地区，因此这两个种发现比较晚。小花番茄、奇美留斯基番茄为该地的分布重叠种。

小花番茄与普通番茄可以进行杂交而不必克服种间障碍。遇到的问题是，有些小花番茄品系无法接受普通番茄的花粉，但这仅反映了野生种的花在去雄技术上的困难。有几种小花番茄的生物型具有显性的脱叶基因，且这种基因有隐性的致死作用，但只有在和（普通）番茄杂交时才表现出来。

这两个种和番茄属其他种杂交属于"番茄复合体"，果实成熟时为灰绿色。小花番茄'minutum'这个种，比番茄属其他种更近似于绿色果，这不同于其他绿色果。奇美留斯基番茄和小花番茄在果实成熟时含糖量较高，奇美留斯基番茄（可溶性固形物为10％～11％）和美国加州品种 VF-145（可溶性固形物约为5％）经过一系列的回交，育出的品系含糖量明显增加，果实大小和颜色也是可接受的。

4. 多毛番茄　一年生或多年生，茎初期直立，后因本身的重量而下垂。表面覆盖有长而黄色的茸毛为其主要特征，因而称为多毛番茄。茸毛长为2.5～3.5 mm。在茎及侧枝上长的茸毛中间还夹杂有短的黄色茸毛。

叶大，长20～30 cm，宽10～12 cm，呈狭长的椭圆形，基部带有不正形的托叶，叶柄短，间裂片很多，上有丛密的茸毛。花序为中等大小，长15 cm，单式或为卷尾状，有茸毛。每一花序上有10～15朵花，花的基部带有成对的苞片，花萼小而短，萼片5枚。花瓣为黄色，一般为5枚，花药呈纺锤形，径粗3～4 mm，花柱与雄蕊几乎等长，柱头呈球杆状。果实直径1.5～2.5 cm，绿白色，有长的茸毛，种子暗褐色，顶端光滑。

多毛番茄是典型的高山原产植物，一般均在海拔2 000～2 500 m的地方生长，在海拔1 100 m以下则很少看到。多毛番茄是短日照植物，在18 h的光照条件下，开花很弱，而在12 h光照下虽然开花茂盛，但果实不能形成，适于栽培在8～10 h的光照下。

多毛番茄果实化学成分的含量与其他种差别很小，有苦味，不能食用，但在果实中胡萝卜素的含量则是栽培品种的3～4倍。多毛番茄耐低温，能耐较长期的低温（0～3 ℃）甚至到-2 ℃不会冻坏。

五、新疆常用加工番茄品种（系）

1. 早熟品种

（1）石番28　自封顶杂交一代品种，平均株高70 cm，主茎6～7节着生第1花序，4穗果封顶，日照强烈时叶片微卷，连续坐果能力强，适宜肥力高和灌溉方便的地块，平均单果重76 g，果实短椭圆形，果形指数 1.1，可溶性固形物 5.0%，番茄红素 16.0 mg/100 g，耐压性好，适合散装运输。

（2）石番 15　石河子亚心种业公司选育的早熟杂交种，生育期 90 d 左右。前期产量较高，成熟集中，果型较大，平均单果重 90 g 左右，单株坐果 50 个左右。果实从下到上，大小基本一致。建议每 667 m^2 保苗株数 2 500 株，90 cm 地膜，一膜双行，株距 35～40 cm。前期控苗，后期促苗。

（3）新番 34　自封顶杂交一代品种，叶片深绿，平均株高 85 cm，主茎 6～7 节着生第 1 花序，第一穗可以结果 4～5 个，5～6 穗果封顶，单株果穗数 19 个左右。分枝数 6 个，单株坐果数 60 个。果实椭圆形，嫩果深绿色，成熟果深红色，着色均匀一致，果实紧实、抗裂，果面光滑，美观，果肉厚 0.9 cm，平均单果重 66 g，果形指数 1.2，番茄红素 12.4 mg/100 g，耐压力 7.4 kg/果，可溶性固形物 5.0%～5.4%。耐压性好，适合散装运输。该品种早熟、抗逆性好。

（4）87-5　87-5 生育期 90～95 d，其中从出苗到开花 45～48 d，从开花到成熟 45～47 d，株高 50～60 cm，主茎着生 3～4 穗花后自封顶。87-5 生长势弱，植株紧凑，分枝数 5～6 个。果实椭圆形，鲜红色，着色均匀一致。平均单果重 60～70 g，可溶性固形物含量 4.5%，番茄红素含量 10.5 mg/100 g，总酸含量 5.3%，耐压力 5 kg/果，果实抗裂耐压耐储运，每 667 m^2 单产可达 5～10 t，抗病性中等。

（5）屯河 8 号　屯河 8 号为优良早熟杂交品种，成熟期 95 d 左右，其中从出苗到开花 46～48 d，从开花到成熟 47～49 d。株高 70～75 cm，株植生长势强，主穗着生 3～4 穗花后自封顶，分枝数 7～9 个。果实椭圆形，鲜红色，着色均匀一致。平均单果重 80 g 左右，可溶性固形物含量 5.0%～5.4%，番茄红素含量 12～13 mg/100 g，耐压力 6 kg/果，果实抗裂耐压耐储运。

（6）屯河 9 号　生育期 90 d 左右，其中从出苗到开花 40～45 d，从开花到成熟 42～43 d，株高 60～65 cm，主茎着生 3～4 穗花后自封顶。果实椭圆形，鲜红色，着色均匀一致。平均单果重70 g左右，可溶性固形物含量 5.0%，番茄红素含量 10.5 mg/100 g，总酸含量 5.3%，耐压力 5 kg/果，果实抗裂耐压耐储运，每667 m² 单产可达 5～10 t，抗病性好。

（7）屯河 33（立原红圣）　该品种生长势强，主杆 3 穗花后封顶。从播种到第 1 穗果成熟需 98 d 左右，属早熟品种。果实椭圆形，平均单果重 80 g 左右，可溶性固形物含量 5.0%～5.5%，番茄红素含量 12 mg/100 g，耐压力 7.1 kg/果，果实抗裂耐压耐储运，单产高，抗病性强，一般每 667 m² 产量在 5 000～7 000 kg。

（8）屯河 45　成熟期 92～94 d，主干着生 3～4 穗花后自封顶，植株紧凑，生长势中等，节间短，株高 65 cm 左右。果实转红后成熟较快，成熟期集中，前期产量比例大。果实椭圆形，平均单果重 70 g 左右，总酸含量最低 5.4%，耐压力 5.5～6 kg/果，可溶性固形物 5%，番茄红素含量 11～12 mg/100 g。屯河 45 产量性状较好，一般每 667 m² 可达 5 t 以上。该品种在早熟性、产量和品质性状方面表现都较好，但综合抗病性中等。

（9）新红 18　成熟期 96 d，该品种生长势强。株高 70 cm，节间稍短，坐果稍集中，较早熟。果实长圆形，深红色，平均单果重80 g，果实硬，抗裂耐压耐储运。综合抗病性好，抗逆性强。一般每 667 m² 产量在 5 000 kg 以上。

（10）新番 13　生育期 102 d，杂交加工番茄品种，生长势强，开展度大，平均株高 77 cm，主干着生 2～4 穗花后封顶。坐果率高，在高温下坐花坐果性能好。果实卵圆形，深红色，无青肩，果脐小，平均单果重 70 g 左右。可溶性固形物含量 5.0%，番茄红素含量 11.76 mg/100 g，耐压力 4.9 kg/果，果实较硬，耐储运。抗番茄花叶病毒病，耐黄瓜花叶病毒病，抗逆性强。一般每 667 m² 产量在 5 000～7 000 kg。

（11）金番 8 号　生育期 96 d 左右，杂交一代加工番茄专用品种，自封顶类型，植株生长势强，株高 70 cm 左右，主干着生 3～4 个花序后封顶。早熟品种，果实长圆形，鲜红色，着色均匀一致，果肉紧实，果面光滑美观，果肉厚，果实较硬，不裂果，平均单果重 80 g 左右。可溶性固形物含量 5.2%～5.5%，番茄红素含量 13.6 mg/100 g，耐压力 6.9 kg/果，果实抗裂耐压耐储运。抗病性好，抗逆性强，适应性强，综合性状优。一般每 667 m² 产量在 6 000～7 000 kg。

（12）金番 9 号　生育期 94 d 左右，杂交加工番茄专用品种，自封顶，植株紧凑，生长势较强，主干着生 3～4 穗果后封顶，5～6 片叶着生第一花序。开展度小，分枝多节间稍短；株高 70 cm 左右；果实长圆形，成熟果鲜红色，无青肩，果实着色均匀一致，平均单果重 81 g 左右，果面光滑，果脐小，果肉厚，抗裂耐压耐储运，可溶性固形物含量 5.1%～5.3%，番茄红素含量 12.08 mg/100 g，耐压力 6.5 kg/果，果实抗裂耐压耐储运。抗病性好，抗逆性强，综合抗病性好，一般每 667 m² 产量在 6 000～7 000 kg。

（13）金番 11　生育期 89 d 左右，极早熟杂交一代加工番茄专用品种，自封顶，主干着生 3～4 个花序后封顶，4～6 个侧枝，植株生长势中等，株高 70 cm 左右。果实长圆形，鲜红色，着色均匀一致，果肉紧实，皮厚，不裂果，果面光滑，美观，平均单果重 80 g 左右。可溶性固形物含量 5.8%，番茄红素含量 13.3 mg/100 g，耐压力 7.1 kg/果，果实抗裂耐压耐储运，成熟集中，适宜机械采收。综合抗病性好，抗逆性强。一般每 667 m² 产量在 6 000～7 000 kg。

（14）金番早丰　生育期 91 d 左右，杂交一代加工番茄专用品种，自封顶，主干着生 3～4 个花序后封顶，4～5 个侧枝，植株生长势中等，株高 70 cm 左右。果实长圆形，鲜红色，着色均匀一致，果肉紧实，皮厚，不裂果，果面光滑，美观，平均单果重 86 g 左右。可溶性固形物含量 5.6%，番茄红素含量 12.6 mg/100 g，耐压力 5.2 kg/果，果实抗裂耐压耐储运。综合抗病性好，抗逆性强。一般每 667 m² 产量在 6 000～7 000 kg。

（15）金番 1201　生育期 94 d 左右，杂交加工番茄专用品种，自封顶，植株紧凑，生长势较强，主干着生 3～4 穗果后封顶，3～

4片叶着生第一花序。开展度小，分枝多节间稍短；株高 70 cm 左右；果实长圆形，成熟果鲜红色，无青肩，果实着色均匀一致，平均单果重 64 g 左右，果面光滑，果肉厚，耐压力 6.1 kg/果，果实抗裂耐压耐储运，成熟集中，适合机采，可溶性固形物含量5.3%，番茄红素含量 13.4 mg/100 g，综合抗病性好，抗逆性强，一般每 667 m² 产量在 6 000~7 000 kg。

（16）金番 1202　生育期 91 d 左右，杂交一代加工番茄专用品种，自封顶，主干着生 3~4 个花序后封顶，4~5 个侧枝，植株生长势中等，株高 72 cm 左右。果实长圆形，鲜红色，着色均匀一致，果肉紧实，皮厚，不裂果，果面光滑，美观，平均单果重 80 g左右。可溶性固形物含量 5.6%，番茄红素含量 12.9 mg/100 g，耐压力 6.3 kg/果，果实抗裂耐压耐储运。综合抗病性好，抗逆性强。一般每 667 m² 产量在 6 000~7 000 kg。

（16）亨氏 2206　生育期 100 d 左右。生长势中等，株高 70 cm左右，匍匐生长。果实圆形，平均单果重 50 g 左右，黏度高，是适合做高黏度的番茄酱的品种。植株抗逆性强，能够集中成熟，适合机械采收，一般每 667 m² 产量在 6 000~8 000 kg。

（17）亨氏 1100　生育期 112 d，果实紧凑、椭圆形、鲜红色。平均单果重 55 g 左右，黏度高，是适合做高黏度的番茄酱的品种。植株抗逆性强，能够集中成熟，适合机械采收，一般每 667 m² 产量在 6 000~8 000 kg。

2. 中晚熟品种（系）

（1）石番 43　生育期 138 d，自封顶杂交一代中熟品系，该品系生长势中等偏强，平均株高 83.3 cm，匍匐生长。主茎 9 节着生第 1 花序，第 1 穗坐果 4 个，7 个分枝，2~5 穗花封顶，单株果穗数 24.7 个，坐果 69 个，可溶性固形物含量 5.2%，新鲜果实黏度值 5.44 cm/30 s，红熟时耐压力 5.38 kg/果，果实椭圆形，单果重55.7 g 左右，心室数 2 个，果肉厚 0.8 cm，果形指数 1.27，番茄红素含量 12.1 mg/100 g，可滴定酸含量 0.48%，pH 4.15。

（2）石番 45　生育期 125 d，自封顶杂交一代中晚熟品系，该品系生长势较强，平均株高 70 cm，主茎 8～9 节着生第 1 花序，3～4 个分枝，2 穗花封顶，从直播到 85％果实红熟可机采，可溶性固形物含量 6.0％，pH 4.32，番茄红素含量 12 mg/100 g。果实椭圆形，单果重 60 g 左右，单穗结果数量可达 6～8 个，心室数 2～3 个，果肉厚 0.8 cm，果形指数 1.28，单株坐果能力强，耐细菌性病害。果实抗裂耐压耐储运，各项指标已达到国外同类品种的水平，适合机械采收。

（3）屯河 3 号　生育期 125 d 左右，生长势强，主干着生 4～5 个花序后自封顶。株高 75～85 cm，果实长圆形，深红色，无青肩，果实着色均匀一致，平均单果重 70～80 g。可溶性固形物含量 5.0％～5.2％，番茄红素含量 13.86 mg/100 g，耐压力 6～6.5 kg/果，果实硬度高，抗裂耐压耐储运。综合抗病性好。一般每 667 m² 产量在 5 000～7 000 kg。要求每 667 m² 保苗株数在 2 200～2 400 株。

（4）屯河 16　生育期 125 d。有限生长类型，株高 75 cm。果实椭圆形，果个大，大小较均，平均单果重 75 g 左右，果实色泽红，果实耐压力很好，产量高；果实抗病、耐储运。

（5）屯河 26　生育期为 100～103 d。株高 70～75 cm，生长势强，果实椭圆形，平均单果重 80 g 左右，番茄红素 12.6 mg/100 g，可溶性固形物含量 4.8％～5％。单果耐压力 6.8 kg/果。抗病性强，单株坐果性好，高温时落花落果少，丰产性极好，一般情况下每 667 m² 单产都可以达到 6 000 kg 以上。

（6）屯河 41　生育期 123 d。株高 75 cm 左右，植株生长势强，主穗着生 3～4 穗花后自封顶。果实椭圆形，橘红色，平均单果重 75 g 左右。可溶性固形物含量 5.1％，茄红素含量 12 mg/100 g，耐压力 6.4 kg/果，果实抗裂耐压耐储运。该品种综合抗病性好，高抗早疫病，抗逆性强，适应性强，产量性状较好，种植时每 667 m² 保苗株数在 2 200～2 500 株。

（7）屯河 48　生育期 123 d，主穗上生长 3～4 穗后自封顶，生长势强，第 1 花序着生在主干第 6～7 节上，花序间隔 1～2 片叶，主干着生 2～4 穗花后封顶。株高 70～75 cm。果实长圆形，深红色，果面着色均匀一致，无青肩，平均单果重 80 g 左右。可溶性固形物含量 5.0%，番茄红素含量 13.34 mg/100 g，耐压力 6.8 kg/果，果肉厚，果实较硬，酸度低，风味好，果肉肉质细腻，综合抗病性好，丰产性也较好。

（8）石红 208　生育期 125 d。有限生长类型，株高 70～75 cm。果实椭圆形，果个大，大小较均，平均单果重 80 g 左右，最大可达 100 g，果实色泽红，耐压力很好，产量高；果实非常耐储运。耐叶霉病和细菌性斑疹病。平均每 667 m² 产量可达 6 000 kg 以上。

（9）金番 1 号　生育期 121 d。杂交一代加工番茄专用品种，自封顶类型，植株生长势强，株高 75 cm 左右。主干着生 3～4 个花序后封顶，果实长圆形，深红色，成熟果无青肩，果肉厚，果实较硬，果肉肉质细腻，加工品质优。平均单果重 75～80 g。可溶性固形物含量 5.0%～5.5%，番茄红素含量 13.5 mg/100 g，耐压力 6.7 kg/果，低酸品种，果实抗裂耐压耐储运。综合性状优良，抗病性好，抗逆性强。一般每 667 m² 产量在 6 000～7 000 kg。

（10）金番 3 号　生育期 125 d。杂交一代加工番茄专用品种，自封顶类型，植株生长势强，株高 85 cm 左右。主干着生 4～5 个花序后封顶，果实长圆形，深红色，成熟果无青肩，果肉厚，果实较硬。平均单果重 75 g 左右。可溶性固形物含量 5.0%～5.2%，茄红素含量 13.86 mg/100 g，耐压力 6.4 kg/果，成熟集中，适合机采，果实抗裂耐压耐储运。综合性状优良，抗病性好，抗逆性强。一般每 667 m² 产量在 7 000～8 000 kg。

（11）金番 7 号　生育期 122 d。杂交一代加工番茄专用品种，自封顶，主干着生 3～4 个花序后封顶，植株生长势强，株高 70 cm 左右。果实长圆形，鲜红色，着色均匀一致，果肉紧实，皮厚，不裂果，果面光滑，美观，平均单果重 80 g 左右。可溶性固形物含量 5.1%，番茄红素含量 13.95 mg/100 g，耐压力 7.6 kg/果，果实硬，抗裂耐压耐储运。综合抗病性好，抗逆性强。一般每 667 m² 产量在 6 000～7 000 kg，最高可达 11 000 kg。

（12）金番钻石　生育期120 d。杂交一代品种，自封顶类型，植株疏散，生长势强。果实长圆形，鲜红色，着色均匀一致，果肉紧实，皮厚，不裂果，果面光滑，平均单果重84 g左右，可溶性固形物含量5.4%，番茄红素含量13.52 mg/100 g，每果的耐压力达7 kg/果，果实硬度好，特别抗裂耐压耐储运，适合机械一次性采收，综合抗病性好，丰产性强，一般每667 m² 产量在7 000～8 000 kg。

（13）金番848　生育期120 d。杂交一代加工番茄专用品种，自封顶类型，植株生长势强，株高75 cm左右，主干着生3～4个花序后封顶，果实长圆形，深红色，成熟果无青肩，果面光滑美观，果肉厚，果实较硬，果肉肉质细腻，低酸品种，加工品质优。平均单果重85 g左右。可溶性固形物含量5.4%～5.6%，番茄红素含量14.8 mg/100 g，耐压力6.5 g/果，果实抗裂耐压耐储运，综合抗病性好，抗逆性强。一般每667 m² 产量在7 000～8 000 kg。

（14）金番红宝　生育期120 d。杂交一代加工番茄专用品种，自封顶类型，植株生长势较强，果实长圆形，平均单果重80 g左右，深红色，着色均匀一致，果肉厚而紧实，无果汁，属干肉品种，可溶性固形物含量6.6%，番茄红素含量13.34 mg/100 g，该品种出酱率高，加工品质优，也可用作切丁专用品种。耐压力达7.8 kg/果，果实抗裂耐压耐储运，综合抗病性好，丰产性好，一般每667 m² 产量在7 000～8 000 kg。

（15）金番15　生育期120 d。杂交一代加工番茄专用品种，自封顶类型，植株生长势强，株高75 cm左右，主干着生3～4个花序后封顶，果实长圆形，深红色，成熟果实无青肩，着色均匀一致，果肉紧实，皮厚，不裂果，平均单果重80 g左右。可溶性固形物含量5.5%，番茄红素含量12.8 mg/100 g，耐压力7.8 kg/果，果胶含量高，属高黏品种，抗裂耐压耐储运，成熟集中，适合机械一次性采收。综合抗病性好，抗逆性强。一般每667 m² 产量在7 000～8 000 kg。

（16）金番17　生育期120 d。杂交一代加工番茄专用品种，自封顶类型，植株生长势强，株高 75 cm 左右。主干着生 3～4 个花序后封顶，果实长圆形，深红色，着色均匀一致，果肉紧实，皮厚，不裂果，果面光滑美观，平均单果重 80 g 左右。可溶性固形物含量 5.5%，番茄红素含量 13.8 mg/100 g，耐压力 8.1 kg/果，果实硬，果胶含量高，属高黏品种，抗裂耐压耐储运。成熟集中，适合机采，综合抗病性好，抗逆性强。一般每 667 m² 产量在 7 000～8 000 kg。

（17）金番 1266　生育期 120 d。杂交一代加工番茄专用品种，自封顶，主干着生 3～4 个花序后封顶，植株生长势强，株高75 cm 左右。果实长圆形，鲜红色，着色均匀一致，果肉紧实，皮厚，不裂果，果面光滑，美观，平均单果重 80 g 左右。可溶性固形物含量 5.4%，番茄红素含量 13.8 mg/100 g，耐压力 6.7 kg/果，果实硬，抗裂耐压耐储运。综合抗病性好，抗逆性强。一般每 667 m² 产量在 6 000～7 000 kg。

（18）金番 1208　生育期 120 d。杂交一代加工番茄专用品种，自封顶类型，植株生长势强，株高 75 cm 左右。主干着生 3～4 个花序后封顶，果实长圆形，深红色，成熟果无青肩，果肉厚，果实较硬，果肉肉质细腻，加工品质优。平均单果重 75 g 左右。可溶性固形物含量 5.3%，茄红素含量 13.3 mg/100 g，耐压力 6.9 kg/果，果实抗裂耐压耐储运。综合性状优良，抗病性好，抗逆性强。一般每 667 m² 产量在 6 000～7 000 kg。

（19）金番 1299　生育期 125 d。杂交一代品种，自封顶类型，植株疏散，生长势强，株高 70 cm，果实长圆形，鲜红色，着色均匀一致，果肉紧实，皮厚，不裂果，果面光滑，平均单果重 85 g 左右，可溶性固形物含量 5.5%，番茄红素含量 12.8 mg/100 g，每果的耐压力达 7.6 kg/果，果实硬度好，特别抗裂耐压耐储运，适合机械一次性采收，综合抗病性好，丰产性强，一般每 667 m² 产量在 7 000～8 000 kg。

（20）亨氏 3402　生育期 125 d 左右。生长势较强，株高 70 cm 左右，匍匐生长，果实椭圆形，单果重 50～60 g。果胶含量高，适合做高黏度的番茄产品，单株坐果能力强，耐细菌性病害。果实抗裂耐压耐储运。果实集中成熟，适合机械采收。一般每 667 m² 产量在 6 000～8 000 kg。

（21）亨氏 2401　生育期 125 d 左右。生长势较强，株高 70 cm 左右，匍匐生长，果实椭圆形，单果重 50～60 g。果胶含量高，适合做高黏度的番茄产品，单株坐果能力强，植株抗病性好。果实抗裂耐压耐储运。果实集中成熟，适合机械采收。一般每 667 m² 产量在 6 000～8 000 kg。

（22）亨氏 9780　生育期 139 d 左右，该品种生长势强，株高 80 cm 左右，藤蔓较大。果实长圆形，鲜红色，单果重 80 g 左右，果胶含量高，适合做高黏度的番茄酱产品。单株坐果能力强。果实抗裂耐压耐储运。果实集中成熟，适合机械采收。一般每 667 m² 产量在 6 000～8 000 kg。

3. 特种加工番茄　低酸品种——石番 36，自封顶杂交一代品种，植株长势中等，株高 75.2 cm，开展度大，主茎 6～8 叶现蕾，3～4 花穗封顶，6～8 个分枝。果实深红色，长圆形，一侧带浅凹似肾形，果形整齐，3～4 心室，平均单果重 86 g，果形指数 1.2，果肉厚 0.85 cm，可溶性固形物含量 5.2%，番茄红素 11.2 mg/100 g，可滴定酸含量 0.36%，耐压力 7.6 kg/果，整株坐果性好，单株有效坐果一般在 56 个以上，最多达 110 个。

该品种果实含酸量低，适宜生产低酸番茄酱。果实硬度好，特别适合机采，丰产潜力巨大。

第三章 膜下滴灌加工番茄的 需水规律

第一节 膜下滴灌加工番茄 各生育期需水特征

加工番茄是我国设施栽培的重要蔬菜,对水分极为敏感,加工番茄植株的 90%以上、果实的 94%~95%是水分,因此,其需水量较大。由于番茄根系强大,吸水能力强,而地上部又着生茸毛和根毛,叶呈深裂叶,能减少水分蒸发,且其生育期较长,不同生长阶段对水分的需求差异较大,所以又属半耐旱性作物。通过多年的观察和试验,作者着重研究了番茄的需水特点和灌水技术,为提高加工番茄产量和品质提供依据。

一、节水条件下水分需求运移规律

作物需水量,是指在适宜的外界环境条件(包括土壤水分、养分的充足供应)下,作物正常生长发育达到或接近该作物品种的最高产量水平时所需要的水量。作物需水量是作物整个生长期叶面蒸腾和棵间土壤蒸发量的总和(也称腾发量)。通常叶面蒸腾量占作物需水量的 60%~80%,棵间蒸发占 20%~40%。深层渗漏水量对旱作物来讲是有害无益的。作物需水量除与作物种类和品种不同有关外,还与气象条件、土壤条件、农业生产技术以及产量水平有关。

1. 田间持水量和凋萎系数

(1)饱和持水量 也称土壤最大持水量或全容量,是土壤中全部孔隙被水占据时所保持水分的最大含水量。它是反映土壤持（释）水性质的量化指标。

（2）田间持水量 是土壤中所能保持毛管水（是植物吸收利用最有效的水分）的最大量，其大小与土壤机械组成、结构有关。田间持水量是土壤保水性能的重要指标，也是田间灌水和排水的重要参数。

（3）凋萎系数 指植物从土壤中已吸收不到水分而产生萎蔫现象时的土壤含水量。凋萎系数因植物和土壤种类不同而有差异，是植物利用有效水的下限。

（4）作物耗水量 就某一地区而言，指具体条件下作物获得一定产量时实际所消耗的水量。

不同土壤田间持水量、凋萎系数见表3-1。

表3-1 不同土壤田间持水量、凋萎系数

土壤质地	容重（g/cm³）	田间持水量（%）		凋萎系数（%）	
		重量比	体积比	重量比	体积比
沙土	1.45～1.80	16～20	26～32	—	—
沙壤土	1.36～1.54	22～30	32～40	4～6	5～9
轻壤土	1.40～1.52	22～28	30～36	4～9	6～12
中壤土	1.40～1.55	22～28	30～35	6～10	8～15
重壤土	1.38～1.54	22～28	32～42	6～13	9～18
轻黏土	1.35～1.44	28～32	40～45	15	20
中黏土	1.30～1.45	25～35	35～45	12～17	17～24
重黏土	1.32～1.40	30～35	40～45	—	—

资料来源：林性粹等，1999，旱作物地面灌节水技术。

2. 灌溉需水量 除降水之外而获得期望的作物产量和品质，并使作物根区保持适宜的盐分平衡所需的灌溉水量或水深。

3. 参照需水量 又称参考需水量、参考作物需水量、潜在需水量等，为作物在供水充足条件下的需水量。

4. 土壤含水量　又称土壤湿度、土壤墒情，是土壤中所含水分的数量。一般是指土壤绝对含水量，即 100 g 烘干土中含有的水分，也称土壤含水率。土壤含水量是由土壤三相体（固相骨架、水或水溶液、空气）中水分所占的相对比例表示的，土壤含水率是农业生产中一重要参数。

在新疆干旱区，加工番茄生育期间雨水很少，加工番茄采用膜下滴灌栽培技术后，人为对灌水调控能力加强，地面径流和渗入地下水现象大大减少，膜下滴灌加工番茄定额实际上几乎接近有效用水量。

二、农田水分消耗途径

农田水分消耗的途径主要有植株蒸腾、棵间蒸发和深层渗漏。

1. 植株蒸腾　植株蒸腾是指作物根系从土壤中吸入体内的水分，通过叶片的气孔扩散到大气中去的现象。试验证明，植株蒸腾要消耗大量水分，作物根系吸入体内的水分有 99% 以上消耗于蒸腾，只有不足 1% 的水量留在植物体内，成为植物体的组成部分。

植株蒸腾过程是由液态水变为气态水的过程，在此过程中，需要消耗作物体内的大量热量，从而降低了作物的体温，以免作物在炎热的夏季被太阳光所灼伤。蒸腾作用还可以增强作物根系从土壤中吸取水分和养分的能力，促进作物体内水分和无机盐的运转。所以，作物蒸腾是作物的正常活动，这部分水分消耗是必需的和有益的，对作物生长有重要意义。

2. 棵间蒸发　棵间蒸发是指植株间土壤或水面的水分蒸发。棵间蒸发和植株蒸腾都受气象因素的影响，但蒸腾因植株的繁茂而增加，棵间蒸发因植株造成的地面覆盖率加大而减小，所以蒸腾与棵间蒸发二者互为消长。一般作物生育初期植株小，地面裸露大，以棵间蒸发为主；随着植株增大，叶面覆盖率增大，植株蒸腾逐渐大于棵间蒸发；到作物生育后期，作物生理活动减弱，蒸腾耗水又逐渐减小，棵间蒸发又相对增加。棵间蒸发虽然能增加近地面的空气湿度，对作物的生长环境产生有利影响，但大部分水分消耗与作物的生长发育没有直接关系。因此，应采取措施，减少棵间蒸发，如农田覆盖、中耕松土、改进灌水技术等。

3. 深层渗漏 深层渗漏是指旱田中由于降水量或灌溉水量太多，使土壤水分超过了田间持水率，向根系活动层以下的土层产生渗漏的现象。深层渗漏对作物来说是无益的，且会造成水分和养分的流失，合理的灌溉应尽可能地避免深层渗漏。由于水稻田经常保持一定的水层，所以深层渗漏是不可避免的，适当的渗漏，可以促进土壤通气，消除有毒物质，有利于作物生长。但是渗漏量过大，会造成水量和肥料的流失，与开展节水灌溉有一定矛盾。

在上述几项水量消耗中，植株蒸腾和棵间蒸发合称为腾发，两者消耗的水量合称为腾发量，通常又把腾发量称为作物需水量。腾发量的大小及其变化规律，主要决定于气象条件、作物特性、土壤性质和农业技术措施等。渗漏量的大小主要与土壤性质、水文地质条件等因素有关，它和腾发量的性质完全不同，一般将腾发量与渗漏量分别进行计算。旱作物在正常灌溉情况下，不允许发生深层渗漏，因此，旱作物需水量即为腾发量。

三、水分在膜下滴灌加工番茄生长发育进程中的作用

水分在膜下滴灌加工番茄生长发育中的作用有两个方面，即生理需水和生态需水。生理需水是指供给加工番茄本身生长发育、进行正常生命活动所需的水分，包括加工番茄植株蒸腾和构成加工番茄植株体的水分；生态需水是指为保障加工番茄正常生长发育，创造一个良好的生态环境所需的水分，包括棵间蒸发和深层渗漏的水分。

水是细胞的重要组成部分，是番茄体内氢元素的主要来源，也是原生质重要的组成成分，细胞的分生与扩大均要求有充足的水分。

加工番茄对营养物质的吸收和转运都必须以水做媒介，体内合成、分解、氧化和还原等生化反应，均需有水参与。适宜的土壤含水量和植物组织的水分饱和度，不但可以促进代谢作用，提高光合能力，而且还能改善农田生态环境条件和土壤中养分、空气、热量等肥力因素。

水是加工番茄进行光合作用的主要原料之一。水分不足时光合作用受抑制，番茄生长速度减慢，严重缺水时，叶片萎蔫、气孔关闭、物质消耗增多，植株体内运输中断，产生早衰，影响产量。土壤中水分过多，空气不足，会使根系发育受阻，出苗后尤其在氮肥增多的情况下，容易引起叶片徒长、群体过大、田间郁闭和生理机能失调，后期甚至产生倒伏或导致贪青晚熟减产。

四、影响膜下滴灌加工番茄需水量的主要因素

加工番茄是对水极为敏感的作物，必须掌握影响加工番茄的需水的影响因素，诸如土壤、气候条件以及耕作栽培措施、产量水平等。要根据加工番茄长势、降水情况、土壤水分状况适时灌溉。

1. 气象因素　气象因素是影响加工番茄需水量的主要因素，它不仅影响蒸腾速率，也直接影响作物生长发育。气象因素对作物需水量的影响，往往是几个因素同时作用，因此，各个因素的作用，很难一一分开。

（1）土壤湿度　土壤湿度（含水量）与土壤温度、土壤质地、土壤热通量及土壤表面蒸发量等，共同构成影响植物根系吸水的土壤因素。土壤因素有土壤质地、颜色、含水量、有机质含量和养分状况等。沙土持水力弱，蒸发较快。就土壤颜色而言，黑褐色的吸热较多其蒸发就大，而颜色较浅的黄白色反射较强，相对蒸发较少。当土壤水分多时，蒸发强烈，需水量则大；相反，土壤含水量较低时，需水量较少。保持适宜的土壤湿度，对调节地温和土壤溶液浓度，促进根系生长和生理活性均有重要作用。在

幼苗期其营养体小，总需水量较小，但由于根系小，吸收力差，此时对土壤水分是很敏感的，所以要求土壤水分保持在土壤有效水分50％～70％的较高水平，保证苗期充足的水分是养好苗的前提。

（2）空气湿度 空气湿度适宜能促进植物的生长发育。压差过小时，生长很少增加甚至减少，并且易造成植物局部器官缺钙。

（3）温度因素 气温主要通过影响叶片蒸腾而影响植物需水。温度升高，各种生化反应加速，生化反应的介质——水的需求也必须相应增加，才能满足植株生长的需要。加工番茄属喜温、半耐旱性作物，其生长发育的适宜温度为 13～30 ℃，其中白天以 22～26 ℃最适宜，夜间为 15～18 ℃。在温度低于 15 ℃的条件下，其生长缓慢，不形成花芽或不开花；环境温度低于 10 ℃，生长不良；环境温度为 5 ℃时，其茎叶停止生长；温度降低至 12 ℃，其植株会受冻死亡。适宜加工番茄生长的温度高限为 33 ℃，气温达到35～40 ℃时，其生理状态失去平衡，叶片停止生长，花器发育受阻；45 ℃以上则引起生理干旱致死。

2. 农业技术 农业栽培技术的高低直接影响水量消耗的速度。粗放的农业栽培技术，可导致土壤水分无效消耗。灌水后适时耕耙，中耕松土，使土壤表面有一个疏松层，就可以减少水量消耗。密植，相对来说需水量会低些。两种作物间作，也可相互影响彼此的需水量。

由于上述各种因素的影响，因此，在生产实际中，必须因时、因地、因作物、因气候等各种自然与人为条件确定作物的需水量，以利于指导生产。作物需水量是水资源合理开发、利用所必需的重要资料，同时也是农田水利工程规划、设计、管理的基本依据。

五、膜下滴灌加工番茄需水特点

膜下滴灌加工番茄各生育期的耗水量不同，是因为所处的生育期外界气候条件不同而引起蒸发和蒸腾情况不同。加工番茄从种子吸水萌发要经历出苗、幼苗、现蕾、开花、坐果、果实成熟等过程，在始花前，主要是生长根、茎、叶、分支营养器官，称营养生长期。从始花期以后，转入以坐果、果实膨大等生殖器官生长为主的生殖生长期。

在幼苗期其营养体小，总需水量较小，但由于根系小，吸收力差，此时对土壤水分是很敏感的，所以要求土壤水分保持在土壤有效水分50%～70%的较高水平，保证苗期充足的水分是养好苗的前提。因苗期加工番茄对水分敏感也是用水促、控幼苗生长的有效手段。进入营养生长盛期后，随着植株的长大，根系发达，总需水量比苗期显著增多。从出现花蕾后到第1穗果实迅速膨大前，是其营养生长盛期向生殖生长盛期的过渡期和转折期，是用土壤水分调控秧果关系的重要时期。出现大花蕾后要充分灌水，缓苗后再灌一次就要精细中耕，以促进根系向深向广发展，植株茎粗叶大，为以后大量开花结果打好基础。此期土壤湿度相应保持在60%～70%，否则易造成茎叶徒长，引起落花落果。此时的空气湿度和降水对开花结果有很大的影响，连续降水和高温干旱对开花坐果极为不利。结果期果实发育对水分的需求在番茄一生中是最多的。因加工番茄是连续结果，需水量多，持续时间也长，在此期间整个植株越长越大，气温也渐高，蒸发量加大，果实本身又鲜嫩多汁，所以土壤含水量要达到70%～80%，以经常保持土壤表面湿润为宜，也就是"大水大肥"时期。按照加工番茄的生育特点，加工番茄主要分为以下5个生育阶段，现将每个生育阶段的需水规律归纳如下。

（1）发芽出苗期阶段（从播种到第1片真叶出现） 为了使种子充分吸胀，需要灌水，调节土壤湿度在80%以上。

（2）出苗—开花前（幼苗期） 这个阶段（由第1片真叶到现大蕾），植株营养个体较小，外界气温较低，土壤水分蒸发和植株蒸腾都相对较低，特别是土壤表面干燥时，蒸发量较小，对水分的需求处于低的水平，苗期土壤湿度以60%～70%为适宜，空气适

宜相对湿度为 $45\%\sim50\%$。

（3）开花—坐果初期（开花期） 这个阶段（第1花序现大蕾到第1个果实形成），枝叶迅速生长，气温明显升高，土壤水分蒸发和植株蒸腾逐渐增加，植株对水分的需求快速增加，但需求量还未达到高峰值。如果水分过多，植株易徒长，根系发育不良，落花，需增加土壤透气性，中耕并控制灌水。

（4）盛果期—30%果实成熟 这个阶段是植株需水量最大的阶段，也是对产量影响最大的时期。无论灌溉水量、灌溉频率都处于高峰期，需要保证水分的及时、充足供应。这个时期若缺少水分则生长缓慢，易落花落果。

（5）果实开始大量成熟—采收前 随着果实的大量成熟和植株的衰老，植株对水分的需求逐渐降低，但在气温高的一些地方或年份，植株蒸腾仍然维持在较高的水平。对于持水能力弱的沙性土壤，仍需要满足水分供应，否则会造成较高比例的日灼果实。但对黏性土壤来说，此时仍然维持较高的灌溉水平，固然对增加产量有帮助，但会大幅降低果实的可溶性固形物含量，影响成熟果实在田间的耐储性，在秋季降水多的年份，会造成果实的大量腐烂。

加工番茄根系发达，吸收能力强，而且茎叶繁茂，蒸腾作用强，需水量较多，但又不需大量灌溉，特别是幼苗期和开花前期，水分过足则幼苗徒长，会影响结果。结果期浇水量宜足，应维持土壤含水量的 $60\%\sim80\%$ 为宜。如土壤湿度过大，排水不良，会影响根系正常呼吸，严重时会烂根死秧。另外结果期土壤忽干忽湿，特别是干旱后浇大水易发生大量裂果和诱发脐腐病。加工番茄对空气湿度一般要求相对湿度 50% 左右为宜，空气湿度过大；不仅阻碍正常授粉，而且易感染病害。

综上所述，加工番茄在开花初期土壤含水量维持在 $60\%\sim65\%$、开花坐果期在 $75\%\sim80\%$，结果期维持在 $60\%\sim80\%$ 较为适宜，表现为长势较好，根系发育较为合理，群体光合速率和蒸腾强度较强，干物质日均积累量达到 $5.0~g$ 以上，叶面积指数相对维持较高，这可作为加工番茄水分管理的技术指标。

第二节　膜下滴灌加工番茄栽培灌溉要求

加工番茄因其生长发育旺盛，产量高，是新疆重要的经济作物之一，是发展红色产业的重要作物之一，在农业生产发展中占有非常重要的地位。加工番茄滴灌种植是节水农业中最有效的措施之一，它集灌溉施肥于一体，能适时、适量地向作物供水、施肥，为加工番茄生长提供良好的空间小气候，同时具有节水节能、省肥等优点，而且有利于加工番茄产量和水分及肥料利用率的提高，其优越性已被大量研究结果所证明。滴灌可以使作物根系层的水分条件始终处在最优状态下，而避免其他灌水方式产生的周期性水分过多和水分亏缺的情况，同时能够保持土壤具有良好的透气性，为加工番茄根系的生长发育提供良好的生长条件，从而能够协调作物地上和地下部分的生长，为提高作物产量奠定了基础。要获得高产优质的加工番茄，除了科学合理的化控和先进、适用、配套的农业栽培模式外，需水量是非常重要的影响因素，一个科学合理的灌溉制度，对滴灌加工番茄的生长和发育非常重要。

灌溉制度是解决灌溉系统什么时间给作物灌水和灌多少水的问题。合理的灌溉制度应是天、地、物的统一协调，不仅保证作物高产、优质、低耗，而且要考虑到长远的可持续发展。

虽然作物的需水规律不因灌溉方法的改变而改变，但由于不同的灌溉方法的供水方式不同、耗水量差异较大，因此，其灌溉制度也应该是不同的。滴灌条件下与其他灌水方法的最显著区别在于高控制性（只要水源有保证，想什么时候灌水就什么时候灌水）和精准性（灌水比其他任何方法都节约和准确），能将作物根区的水肥气热状况维持在一个最佳水平。

因此，加工番茄的灌溉制度应充分利用这些特点和优势，以获得优质加工番茄和最佳的经济、生态效益。

一、膜下滴灌加工番茄对水源的要求

膜下滴灌加工番茄种子丸粒化栽培管理过程中，对水分需求非常敏感。地区、气候及田间长势的差异也造成需水规律的显著差异，总体评价以保证高频灌溉为宜，且需全程高压运行以保证滴水均匀。另外，出苗及苗期水稻根系对低温及其敏感，在西北、东北等气候冷凉地区需保证苗期水温不低于 18 ℃（可采用地表水灌溉或晒水达到此需求）。完成上述需求水源需达到以下指标。

（1）物理指标　18 ℃≤水温≤35 ℃，悬浮物≤100 mg/L。

（2）化学指标　pH 为 5.5～7.5，全盐≤2 000 mg/L，含铁量 0.4 mg/L，氯化物≤200 mg/L，硫化物≤1 mg/L。

（3）不含泥沙、杂草、鱼卵、浮游生物和藻类等物质。

二、膜下滴灌加工番茄灌溉制度

膜下滴灌加工番茄根系发达，吸收能力强，而且茎叶繁茂，蒸腾作用强，需水量较多，但又不需大量灌溉，特别是幼苗期和开花前期，水分过足则幼苗徒长，会影响结果。结果期浇水量宜足，应维持土壤含水量的 60%～80% 为宜。如土壤湿度过大，排水不良，会影响根系正常呼吸，严重时会烂根死秧。另外，结果期土壤忽干忽湿，特别是干旱后浇大水易发生大量裂果和诱发脐腐病。番茄对空气湿度一般要求相对湿度 50% 左右为宜，空气湿度过大，不仅阻碍正常授粉，而且易感染病害。因此，膜下滴灌加工番茄栽培制度的制定要根据不同气候、土壤和生长程度等因素综合考虑。

1. 灌溉时间和灌溉量　理论上，每一次灌水量的多少应由上一次灌水后到此次灌水前这个阶段植株蒸腾、土壤表面水分蒸发、植株生长发育吸收水分的总和以及田间水分决定。目前，国内指导灌溉，主要根据不同生长阶段对水分的需求、植株的长相（叶色、植株长势）、土壤持水量、降水量、气温等指标，确定大致的灌水时间。在新疆，一些冬季降雪少的地区或某个降雪少的年份，采用早春抢墒播种，如果保证一播全苗，第1次灌溉时间可能延迟到5月下旬至6月上旬。但对很多种植户来说，如果土壤墒情不能保证一播全苗，会播后立即灌（滴）水，第1次灌溉时间提前到4月下旬至5月上旬。育苗移栽方式则需要一边定植、一边灌溉。

目前加工番茄生产中确定每次的灌溉量，对滴灌来说，通常是看灌溉一定时间后，如8 h、12 h等，耕作层根系区范围内土壤湿润的深度，或是看灌溉一定水量后，耕作层根系区范围内土壤湿润的深度，是否能满足未来一段时间内，如5 d或7 d内作物蒸腾和生长发育所需要的水分。每块滴灌条田每次灌溉时间的长短，取决于灌溉系统水泵的功率和出水量、灌溉区内滴头数量和流量、计划灌水的深度、土壤原来的持水量等因素。灌溉时间长短还需要考虑不同阶段作物需要水分的差异。生育期早期阶段，一个灌区可能需要滴6 h就基本满足作物对水分的需求；盛果期阶段，同样的一个灌区可能需要10 h才能满足作物对水分的需求。同一套滴灌系统的出水量并不是恒定不变的。有些滴灌机井前期和后期的出水量差异较大，因此，同一块农田灌溉，水表显示的相同流水量，灌溉时间可能有些较大差异。

采收前2～4周停水是一项重要的措施，以提高果实的可溶性固形物含量和成熟果实的耐储性，减少果实腐烂比例。对机械采收来说，适时停水还可以避免采收和运输的车辆把土壤压实，确保采收果实的洁净程度。在原料的质量标准与果实可溶性固形物含量高低没有关联时，种植滴灌加工番茄的农户会倾向于尽可能地晚停水。停水时间的确定，应参考3个方面的因素：①采收时间，1株加工番茄上的果实全部成熟因品种、气候差异，可能需要持续35～45 d。对常规灌溉来说，可能需要在采收前3～4周停水。对滴灌田来说，则需要在采收前2～3周停水。②根据可溶性固形物含量计划停水，如果取样的果实可溶性固形物含量符合该品种的特点或高于加工企业对可溶性固形物的要求（如果将可溶性固形物含量纳入企业原料质量标准的话），可以略晚一些；如果明显低，则应尽快停水。③沙性土壤比黏性土壤可以停水晚一些。

2. 灌水间隔　灌溉频率因土壤类型、气候、生长阶段、上次灌溉水量等因素变化很大。黏性壤土比沙性壤土具有更强的持水力，因此灌溉间隔时间就更长。持续高温，昼夜温差小，降水少，需要短的灌溉间隔时间。加工番茄生长发育早期阶段，灌溉间隔时间可以长一些，需水高峰期，需要农田土壤一直保持较高的持水量，灌水间隔就要短一些。上一次灌溉充分的农田灌溉间隔时间可以长一些。膜下滴灌条件下，土壤的湿润空间和番茄植株的根系与常规灌溉相比受到了一定的限制，需要更短的灌溉间隔。需水高峰期滴灌田灌溉间隔通常 5～7 d，常规灌溉田间隔 10～15 d。

3. 膜下滴灌加工番茄栽培应用

（1）设计合理的滴灌系统　一个完整、合理的滴灌系统必须考虑条田地势、水源质量、土壤类型、水泵功率、过滤器类型、化肥注入设备、地下干管直径、出地口的直径和间距、地上分干管的直径和间距、滴灌带类型、直径、厚度及滴头流量和间距等因素。好的系统在运转时能确保水压分配的均匀性，方便操作，在满足作物需水的前提下，提高灌溉效率，减少水、肥料、电能的浪费。

在新疆已经应用滴灌的田地中，有时由于水源质量差（灌溉水含沙量大）、滴灌带质量不稳定（滴头间流量不均匀，滴头易堵塞，滴灌带易破裂等）、条田地势变化大、地上分干管间距不合理，以及一套系统负载很大的灌溉面积等原因，不能做到及时、均匀灌溉，没有充分显示滴灌的优越性。

（2）确定合理的灌溉水量和间隔时间　灌溉水量和间隔时间的确定需要考虑土壤类型、生长阶段、作物长相、气候等因素。例如，与黏性土壤相比，沙性土壤每次灌溉需要相对较少的灌溉量和更短的间隔时间，在进行滴灌施肥时，更应该如此。长势弱、叶系覆盖少的品种与长势强、枝叶茂盛的品种相比，裸露的地表面积更大，土壤蒸发量也更大，需要更大的灌溉量，和更短的间隔时间等。生产实际中，由于灌溉高峰期水资源紧张，单次灌溉水量过大，间隔时间过长是普遍的现象。

（3）滴灌对果实可溶性固形物和总固形物的影响　与常规灌溉相比，滴灌方式在后期灌溉更方便，也更容易降低果实的可溶性固形物含量和总固形物含量，影响成熟果实在田间的耐储性。采收前1周停止滴灌的农田与采收前3周停止滴灌的农田，相同品种果实的可溶性固形物含量可能会有 0.5%～1.0% 的下降，产量则可能有 5%～15% 的增加。

4. 加工番茄的灌溉要点　播种出苗前，上一年作物收获早或早春降水少、没有规律的地方，干旱或盐碱含量高的农田，可以在早春开沟漫灌或喷灌，确保一播全苗并减少土壤盐分。播种后，墒情差的，应立即开沟灌溉。滴灌农田，更多采用播种后滴水出苗的方式。

出苗—开花期，植株对水分的需求处于低水平、早春土壤温度较低，灌水会更加降低土壤温度，延缓早期秧苗生长。灌溉管理的要点是：直播田幼苗因土壤墒情差长势缓慢的，应及时灌（滴）水。移栽秧苗的缓苗水根据缓苗状况、气温和土壤水分可不灌（滴）或少灌（滴）。

开花—坐果初期，植株对水分的需求快速增加，需水量逐渐接近最大值。灌溉管理的要点是：适时灌（滴），适量灌溉，协调植株营养生长和生殖生长的平衡。对于长势弱的品种，应及时灌（滴），使得有足够的叶面积支撑产量。对于长势强的品种在出苗初期应给予适当的水分胁迫，即"蹲苗"，避免充足水分造成植株节间伸长、坐果减少的徒长现象。

盛果期，作物耗水量达到最大值。灌溉管理的要点是：结合养分供应，缩短灌溉间隔时间，充足灌溉，避免水分胁迫，促进坐果和果实充分发育，直到果实正常红熟。

果实大量成熟收获前期，植株开始衰老，对水分的需要逐渐降低。灌溉管理的要重点是：逐渐减少灌溉水量，保持枝叶的良好覆盖，避免果实发生日灼；适时停水，提高果实可溶性固形物含量和耐储性。

5. 灌溉管理 严格按照滴灌系统设计的轮灌方式灌水,当一个轮灌小区灌溉结束后,先开启下一个轮灌组,再关闭当前轮灌组,谨记先开后关,严禁先关后开。应按照设计压力运行,以保证系统正常工作。不同区域和不同土壤质地条件下灌溉制度存在较大差异。一般情况下,北疆地区全生育期滴灌 12～14 次,灌溉定额 3 600～4 050 m^3/hm^2(5 400～6 075 mm);南疆地区滴灌 16～18 次,灌溉定额 4 350～4 950 m^3/hm^2(6 525～7 425 mm)。灌溉定额随产量增加而有所提高。南北疆各生育期灌溉制度如下。

(1)苗期 南疆地区 4 月移栽加工番茄苗,复播移栽可推迟到 6 月中旬左右;北疆 4 月下旬进行移栽定植。移栽后滴缓苗水,灌水定额 150 m^3/hm^2(225 mm)。

(2)开花—坐果初期 根据土壤墒情和苗势适时补水,南疆地区灌水 3 次,灌水定额 150～225 m^3/hm^2(225～337.5 mm)。北疆地区灌水 2 次,灌水定额 150 m^3/hm^2(225 mm)。第一水根据土壤墒情和加工番茄长势适时灌溉。

(3)20% 果实成熟 这一阶段是植株生长高峰期,需要充足的水分。南疆地区灌水总量 1 575 m^3/hm^2(2 362.5 mm),灌水 5 次,灌水周期 5～6 d,灌水定额 225～375 m^3/hm^2(337.5～562.5 mm)。北疆地区灌水总量 1 650 m^3/hm^2(2 475 mm),灌水 5 次,灌水周期 5～6 d。灌水定额 225～375 m^3/hm^2(337.5～562.5 mm)。灌溉次数及灌水定额根据气象、土壤、作物生长因素酌情调控。

(4)成熟前期—采收前 此时加工番茄对水分的需求逐渐降低,但仍然要维持较高的灌溉水平。南疆地区灌水总量 225 m^3/hm^2(337.5 mm),通常滴水 7 次;灌水周期 6～7 d。北疆地区灌水总量 1 650 m^3/hm^2(2 475 mm),通常滴水 6 次,灌水周期 5～10 d。进行机械采收前将支管、毛管回收,以便机械采收。采收前 5～7 d 停止灌水。加工番茄从移栽时间和生育期长度上分为早熟、中熟、晚熟,南疆和北疆地区中高产条件下的适宜灌溉制度见表 3-2、表 3-3。

表 3-2　北疆加工番茄灌溉制度

生育期	生育阶段	早熟	中熟	晚熟	灌水定额 水量 (m³/hm²)	深度 (mm)
苗期	缓苗水	5 月 15 日	5 月 25 日	6 月 1 日	150	225.0
花期	始花期	5 月 25 日	6 月 4 日	6 与 10 日	150	225.0
	盛花期	6 月 5 日	6 月 14 日	6 月 20 日	150	225.0
坐果期	初果期	6 月 11 日	6 月 20 日	6 月 26 日	225	337.5
	盛果期	6 月 17 日	6 月 26 日	7 月 1 日	300	450.0
	果实 1 cm 时	6 月 23 日	7 月 2 日	7 月 7 日	375	562.5
	果实 2 cm 时	6 月 28 日	7 月 8 日	7 月 13 日	375	562.5
	果实 3 cm 时	7 月 3 日	7 月 13 日	7 月 18 日	375	562.5
成熟期	始熟期	7 月 9 日	7 月 19 日	7 月 24 日	375	562.5
	少量转色	7 月 14 日	7 月 24 日	7 月 29 日	300	450.0
	成熟 10% 时	7 月 19 日	7 月 29 日	8 月 3 日	300	450.0
	成熟 20% 时	7 月 24 日	8 月 3 日	8 月 12 日	300	450.0
	成熟 50% 时	8 月 1 日	8 月 11 日	8 月 22 日	225	337.5
	成熟 80% 时	8 月 10 日	8 月 20 日	9 月 1 日	150	225.0

资料来源：张志新，2012，大田膜下滴灌技术及其应用。

表 3-3　南疆加工番茄灌溉制度

生育期	生育阶段	早熟	中熟	晚熟	灌水定额 水量 (m³/hm²)	深度 (mm)
苗期	缓苗水	5 月 1 日	5 月 10 日	5 月 15 日	150	225.0
花期	始花期	5 月 10 日	5 月 15 日	5 与 25 日	150	225.0
	花期	5 月 15 日	5 月 20 日	6 月 1 日	150	225.0
	盛花期	5 月 25 日	6 月 1 日	6 月 10 日	225	337.5

（续）

生育期	生育阶段	早熟	中熟	晚熟	灌水定额	
					水量 （m³/hm²）	深度 （mm）
坐果期	初果期	6月5日	6月10日	6月20日	225	337.5
	盛果期	6月11日	6月16日	6月26日	300	450.0
	果实1cm时	6月17日	6月22日	7月2日	300	450.0
	果实2cm时	6月23日	6月28日	7月8日	375	562.5
	果实3cm时	6月28日	7月4日	7月13日	375	562.5
成熟期	始熟期	7月3日	7月11日	7月18日	375	562.5
	少量转色	7月9日	7月17日	7月24日	375	562.5
	成熟20%时	7月14日	7月23日	7月29日	375	562.5
	大量转色	7月19日	7月28日	8月3日	375	562.5
	成熟50%时	7月24日	8月5日	8月8日	375	562.5
	成熟60%时	7月29日	8月10日	8月13日	225	337.5
	成熟80%时	8月3日	8月15日	8月20日	150	225.0

资料来源：张志新，2012，大田膜下滴灌技术及其应用。

第三节　加工番茄滴灌系统组成与田间管带模式配置

　　滴灌是一种先进的灌溉技术。传统的滴灌设计理念是通过合理的分流，合理编制轮灌制度，保证滴灌系统工作压力平衡，以保证各个轮灌组灌水的均匀度，并可减少工程投资。根据传统理念设计的滴灌工程系统，对土地规模化经营、集体经营的方式是适宜的，但随着团场农业承包经营体制的转变、职工经营自主权的扩大，传统设计理念的滴灌系统布置轮灌组的划分与现阶段承包体制的矛盾相对突出，也与滴灌应用作物范围的扩大、种植结构大幅度调整不相适应。因此，在今后的滴灌系统设计理念上应有所转变，在不大幅度增加工程建设投资的前提下，尽可能提高滴灌系统使用的灵活性，尽量考虑现阶段承包经营体制的因素，减少滴灌运行管理中的矛盾和困难，提高滴灌系统运行质量。本着"以农业为本，降低造价，便于操作，提高收益"的宗旨，因地制宜地设计。

一、管网布设的原则和方法

1. 毛管、滴头布置原则

（1）毛管沿作物种植方向布置，在山丘区作物一般采用等高线种植，所以毛管沿等高线布置。

（2）毛管长度应控制在允许的最大长度以内，而允许的最大毛管长度应满足流量偏差率或设计均匀度的要求，应由水力计算确定。

（3）一般而言，毛管铺设长度越长，管网造价越经济。但毛管铺设长度往往还受田间管理、林带道路布置的制约，应权衡各自的利弊进行取舍。

（4）毛管铺设方向为平坡时，毛管应在支管两侧对称双向布置。均匀坡情况下，且坡度较小时，毛管在支管两侧双向布置，逆坡向短，顺坡向长，其长度依据毛管水力特性进行计算确定。坡度较大，逆坡向毛管铺设长度较短情况下，应采用顺坡单向布置。

（5）毛管不得穿越田间机耕作业道路。

（6）在作物种类和栽培模式一定的情况下，滴头布置主要取决于土壤质地情况。

2. 干管和支管布置原则

（1）干管布置　连接首部枢纽和支管的所有管道称滴灌系统干管，视级数又分为总干管、干管、分干管等。其布置应遵循以下原则。

① 干管级数应因地制宜确定。加压系统干管级数不宜过多，因为存在系统经济规模问题，级数越多，管网造价和运行时的能量损失越高。

② 地形平坦情况下，根据水源位置应尽可能采取双向分水布置形式。垂直于等高线布置的干管，也尽可能对下一级管道双向分水。

③ 山丘地区，干管应沿山脊布置，或沿等高线布置。

④ 干管布置应尽量顺直，总长度最短，在平面和立体上尽量减少转折。

⑤ 干管应与道路、林带、电力线路平行布置，尽量少穿越障碍物，不得干扰光缆、油、气等线路。

⑥在需要与可能的情况下，输水总干管可以兼顾其他用水要求。

（2）支管布置　连接毛管的上一级管路称为支管，其布置应遵循以下原则。

① 支管是灌水小区的重要组成部分，支管长短主要由田块形状、大小和灌水小区的设计有关。

② 灌水小区的设计理论分析证明，长毛管短支管的滴灌系统比较经济，因此，支管长度不宜过长。支管长度应在上述理论的指导下根据支管铺设方向的地块长度合理调整决定。

③ 支管的间距取决于毛管的铺设长度，在可能的情况下应尽可能加长毛管长度，以加大支管间距。

④ 为了使各支管进口处的压力保持一致，应在该处设置压力调节装置；或通过设计，在压力较高的支管进口，采用适当加大水头损失的方法使各支管的工作压力保持一致。

⑤ 支管布置在地面易老化、受损，特别是大田作物滴灌，支管方向与机耕作业方向垂直，地面布置对机耕作业的影响很大。塑料材质的支管在可能的情况下都应尽可能地埋入地下，并满足有关防冻和排水的要求。

⑥ 布设于地面的支管应采用搬运轻便、装卸方便、工作可靠、不易损坏、耐用的管材。

⑦ 均匀坡双向毛管布置情况下，支管布设在能使上、下坡毛管上的最小压力水头相等的位置上。

3. 管网布设的方法

（1）"抓两头，攻中间" 此方法适用于大田滴灌工程及其他大部分滴灌作物。"两头"即管网的起端和终端：干管和毛管。"中间"即内部结构：分干管和支管。

（2）"抓两头" 即首先要从干管和毛管开始，因为它们处于系统首尾，是边界，加上水流方向和作物种植方向的要求和制约，自身位置就基本被锁定了，整个管网系统就被"框"定。所以，它们是管网系统的制约者。

（3）"攻中间" 即分干管和支管的布置。它们牵涉的因素又相互制约，即受首、尾（干管和毛管）所制约，自身"弹性"又很大，它们的布置要平衡系统流量和压力的变化，要有利于系统轮灌运行方式及运行压力，使操作简便，安全运行，投资合理。

二、管网布设需达到的要求及制约条件

（1）毛管的计算极限长度是毛管的最大铺设长度的限值；毛管的实际铺设长度视本地块尺寸及由其制约的直接间距确定。

（2）在平坡地形条件下，毛管与支管相互垂直，并在支管两侧对称布设。在均匀坡地形条件下，毛管在支管两侧布设，并依据毛管水力特性计算，顺坡向长，逆坡向短。当逆坡向水力特性不佳时，则采用顺坡向铺设。

（3）平坡及一定的均匀坡地形范围大多采用非补偿式灌水器，地形坡度大或起伏大时，压力变化大，则采用压力补偿式灌水器，有时候需在毛管进口处设置压力流量调节器。

（4）支管的实际铺设长度决定了干管的列数，铺设长度越长，干管列数越少，对降低管网体系的投资起明显作用。

（5）支管的间距是由毛管的实际铺设长度制约，并依据毛管铺设方向线上的地块的尺寸合理调整决定。毛管长度长，支管间距越大，支管列数就越少，对降低管网投资起一定作用。

三、膜下滴灌加工番茄栽培田间管带模式配置与滴灌系统组成

膜下滴灌加工番茄栽培技术，是将工程节水和覆膜种植技术，采用机械化技术手段来实现，是农业机械化生产高效节水综合栽培技术。该技术运用先进的机械化作业手段，一次作业完成播种、施肥、铺膜、铺设滴灌管带的机械化种植方法，具有明显的增产和节水效果。

1. 膜下滴灌加工番茄栽培模式及田间管带配置 根据膜下滴灌加工番茄需水特性要求，针对不同水质、水源条件、土壤性质、种植布局和地形等条件，组合成滴灌系统的管网田间结构模式。

该技术采用机械铺膜直播，选用膜宽 1.15 m 地膜，播幅为 1.4 m，滴灌带的滴孔流量 2.4L/h，针对加工番茄的滴灌带配置方式，作者进行了相关实验，具体处理方式：处理一（T1，一膜两管三行种植，行距 46.7 cm，株距 30 cm，每 667 m² 株数约 4 750 株）、处理二（T2，一膜一管两行种植，行距 70 cm，株距 18 cm，每 667 m² 株数约 5 300 株）、处理三（T3，一膜一管两行种植，行距 70 cm，株距 30 cm，每 667 m² 株数约 3 150 株）。

（1）滴灌带配置方式对加工番茄产量的影响 由表 3 - 4 可看出，T1 处理和 T3 处理的分枝数差异不显著，但均明显高于 T2 处理，说明番茄的分枝数在一定种植密度内相差不大，但密度过高会导致分支数减少。单株红果数和单株坐果数随着种植密度的增加而显著减少。单株红果重和单株果重都是 T3 处理显著高于 T1 和 T2 处理，说明单株产量随着种植密度的增加而降低。单果重也是 T3 处理显著高于 T1 和 T2 处理，T1 和 T2 处理间差异不显著。加工番茄产量与单果重和坐果数等有直接关系，从表中调查结果可看出，虽然 T3 处理的各项产量因素明显高于 T1 和 T2 处理，但 T2 处理的产量却高于 T1 处理和 T3 处理，且差异显著，种植密度的增加弥补了其他产量因素的影响，说明一定范围内，随着种植密度

的增加，加工番茄产量也随之增加。

表 3-4　不同处理对加工番茄产量的影响

处理	种植密度（株/hm²)	分枝数（个）	单株红果数（个/株）	单株坐果数（个/株）	单株红果重（kg/株）	单株果重（kg/株）	单果重（kg/个）	产量（kg/hm²)
T1	71 250	5.5 ab	41.7b	45.7c	2.17c	2.3c	0.052c	115 959.0b
T2	79 500	4.5c	40.2b	45.2c	2.23c	2.4c	0.056c	132 964.5a
T3	47 250	5.7a	48.2a	58.7a	3.27a	3.8a	0.068a	115 881.0b

注：同列不同小写字母表示不同处理在 0.05 水平上差异显著。

（2）滴灌带配置方式对加工番茄品质的影响　由表 3-5 可看出，不同处理加工番茄果形指数都呈长圆形，差异不大。张余洋等研究表明，单果质量与果形具有一定的相关性，番茄单果质量与纵横径之积间有较高的相关性（相关系数＝0.973 1)。T3 处理的果肉厚度最大。T1 处理的果实心室数全部是 3 个，相比之下，T3 处理的果实心室为 2 个的较多。番茄果实甜度与糖分含量呈正相关，较高的糖含量可以增强番茄口感，同时，番茄中有很多有机酸，适当的酸度可以提高果实中的风味，它也是番茄品质的重要指标之一。表 3-5 表明，各处理的可溶性糖含量差异不大。维生素 C 可以提高机体免疫力，是评价加工番茄品质的重要指标之一。T1 处理的维生素 C 含量最高，T2 处理的维生素 C 含量最低。T3 处理的可溶性固形物含量相对较高。

表 3-5　不同处理对加工番茄品质的影响

处理	横径×纵径（cm）	果型指数	果肉厚度（cm）	心室数（个）	可溶性糖含量（%）	总酸（g/k)	维生素 C 含量（mg/100 g)	可溶性固形物含量（%）	果肩
T1	4.30×5.26	1.22	0.58	3.0	5.00	3.69	34.78	5.01	无
T2	4.93×6.55	1.33	0.69	2.8	5.20	4.02	21.74	5.22	无
T3	4.65×6.09	1.31	0.74	2.5	5.10	4.02	27.82	5.33	无

通过评分法得出不同处理加工番茄果实品质综合评价指数（表3-6）。综合产量与品质研究结果可看出，3种处理中，T3处理的综合评价指数较高。

表3-6　不同处理的丸粒化加工番茄果实品质综合评价指数

处理	果肉厚度	单果重	可溶性糖含量	可溶性固形物含量	果肩	综合评价指数
T1	3	2	2	4	2	13
T2	4	2	2	5	2	15
T3	5	3	2	5	2	17

（3）结果分析　产量是作物种植最重要的经济指标。加工番茄产量与单果重、红果数和坐果数等有直接关系，从试验数据可以看出，虽然T3处理的各产量构成因素明显高于其他2个处理，但T2处理的产量最高，且与其他2个处理差异显著，说明一定范围内，种植密度的增加可以增加产量。

加工番茄品质不仅受品种基因的影响，还与其生长环境有密切的联系，包括光照、气温、水、肥等因素。对本次研究测定的加工番茄果肉厚度、单果质量、可溶性固形物含量等品质指标，通过评分法得出不同处理加工番茄果实品质综合评价指数，结果显示，T3处理的综合评价指数较高。

不同种密度对加工番茄的产量和品质均有重要影响，综合产量与品质研究结果，3种处理中，T2处理的产量最高，而T3处理的果实品质综合评价指数较高。

2. 膜下滴灌加工番茄滴灌系统组成　膜下滴灌技术是将作物覆膜栽培种植技术与滴灌技术集成为一体的高效节水、增产增效技术。滴灌利用管道系统供水、供肥，使带肥的灌溉水成滴状、缓慢、均匀、定时、定量地灌溉到作物根系发育区域，使作物根系区的土壤始终保持在最优含水状态；地膜覆盖具有保墒、提墒、灭草、增加地温、减少作物棵间水分蒸发的作用。通过使用改装后的农机具可实现播种、铺带、覆膜一次完成，提高了农业机械化、精准化栽培水平和水资源的高效利用。

膜下滴灌系统一般由水源工程、首部枢纽、输配水管网、灌水器等组成，如图 3-1 所示。

滴灌系统各部分作用如下。

（1）水源工程　滴灌系统的水源可以是机井、泉水、水库、渠道、江河、湖泊、池塘等，但水质必须符合灌溉水质的要求。滴灌系统的水源工程一般是指：为从水源取水进行滴灌而修建的拦水、引水、蓄水、提水和沉淀工程及相应的输配电工程。

（2）首部枢纽　滴灌系统的首部枢纽包括动力机、水泵、施肥（药）装置、过滤设施和安全保护及量测控制设备。其作用是从水源取水加压并注入肥料（农药），经过滤后按时按量输送进管网。首部枢纽担负着整个系统的驱动、量测和调控任务，是全系统的控制调配中心。

滴灌常用的水泵有潜水泵、离心泵、深井泵、管道泵等，水泵的作用是将水流加压至系统所需压力并将其输送到输水管网。动力机可以是电动机、柴油机等。如果水源的自然水头（水塔、高位水池、压力给水管）满足滴灌系统压力要求，则可省去水泵和动力。

过滤设备是将水流过滤，防止各种污物进入滴灌系统堵塞滴头或在系统中形成沉淀。过滤设备有拦污栅、离心过滤器、砂石过滤器、筛网过滤器、叠片过滤器等。当水源为河流和水库等水质较差的水源时，需建沉淀池。

施肥装置的作用是使易溶于水并适合根施的肥料、农药、除草剂、化控药品等在施肥罐内充分溶解，然后再通过滴灌系统输送到作物根部。

流量、压力测量仪表用于管道中的流量及压力测量，一般有压力表、水表等。安全保护装置用来保证系统在规定压力范围内工作，消除管路中的气阻和真空等，一般有控制器、传感器、电磁阀、水动阀空气阀等。调节控制装置一般包括各种阀门，如闸阀、球阀等，其作用是控制和调节滴灌系统的流量和压力。

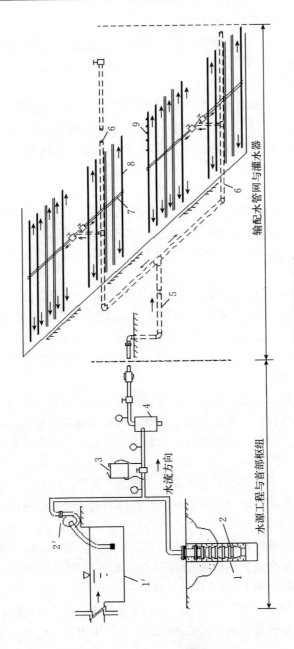

图3-1 滴灌工程系统组成

1.地下水(1′.地表水) 2.潜水泵(2′.离心泵) 3.施肥罐 4.过滤器
5.主干管 6.分干管 7.支(辅)管 8.毛管 9.灌水器
(图中量测、控制、保护等设备，仪表未示，可参考相关章节文字和附图)

（3）输配水管网　输配水管网的作用是将首部枢纽处理过的水流按照要求输送分配到每个灌水单元和滴头，包括干管、支管、毛管及所需的连接管件和控制、调节设备。由于滴灌系统的大小及管网布置不同，管网的等级划分也有所不同。

（4）灌水器（滴头）　滴头是滴灌系统最关键的部件，是直接向作物施水滴肥的设备，其作用是利用滴头的微小流道或孔眼消能减压，使水流变为水滴均匀地施入作物根区土壤中。

四、加工番茄膜下滴灌系统的运行管理与维护

1. 加工番茄膜下滴灌系统的运行管理

（1）首部系统运行管理　膜下滴灌系统在运行管理前，首先要清楚系统各部分要达到的运行管理目标，以利于按照系统运行管理质量进行操作。

① 水泵的运行管理。滴灌系统运行的特点是要求系统按设计流量稳定供水；由于轮灌组的不同，产生不同的管路水力状态，使水泵的出口压力变化，要求水泵能适应这种变化，并要在高效区运行；水泵运行时，不要频繁操作，否则对水泵工作不利，还会使其工作年限缩短。所以，设计中应考虑各轮灌组流量基本均衡，使水泵达到一个较好的工作状况；水泵应严格按照厂家所提供的产品说明书及用户指南规定进行操作和维护。

② 过滤设备的运行管理。过滤器在每次工作前要进行清洗；在膜下滴灌系统运行过程中，应严格按过滤器设计的流量与压力进行操作，严禁超压、超流量运行，若过滤器进出口压力差超过25％，要对过滤器进行反冲洗或清洗；灌溉施肥结束后，要及时对过滤器进行冲洗。

③ 施肥（施药）装置的运行管理。膜下滴灌中常用的是压差式施肥罐，施肥罐中注入的固体肥料（或药物）颗粒不得超过施肥罐容积的 2/3；滴水施肥时，先开施肥罐出水球阀，后开其进水球阀，缓慢关两球阀间的闸阀，使其前后压力表相差约 0.05 MPa，

通过增加的压力差将罐中肥料带入系统管网之中；滴施完毕后，应先关进水阀、后关出水阀，再将罐底球阀打开，把水放尽，再进行下一轮滴灌。

（2）管网的运行管理　输配水管网系统的正常运行是膜下滴灌系统灌水均匀的保证。

①每年灌溉季节开始前，应对地埋管道进行检查、试水，保证管道畅通，闸阀及安全保护设备应启动自如，阀门井中应无积水，裸露地面的管道部分应完整无损，量测仪表要盘面清晰，指针灵敏。

②定期检查系统管网的运行情况，如有漏水要立即处理；系统管网在每次工作前要先进行冲洗，在运行过程中，要检查系统水质情况，视水质情况对系统进行冲洗。

③严格控制系统在设计压力下安全运行；系统运行时每次开启一个轮灌组，当一个轮灌组结束后，必须先开启下一个轮灌组，再关闭上一个轮灌组，严禁先关后开。

④系统第一次运行时，需进行调压，可使系统各支管进口的压力大致相等，调试完毕后，在球阀相应的位置作好标记，以保证在其以后的运行中，其开启度能维持在该水平。

⑤系统运行过程中，要经常巡视检查灌水器，必要时要做流量测定，发现滴头堵塞后要及时处理，并按设计要求定期进行冲洗。

⑥田间农业管理人员在放苗、定苗、锄草时应避免损伤灌水器。

⑦灌溉季节结束时，对管道应冲洗泥沙，排放余水，对系统进行维修，阀门井加盖保护，在寒冷地区，阀门井与干支管接头处应采取防冻措施；地面管道应避免直接暴晒，停止使用时，存入于通风、避光的库房里，塑料管道应注意冬季防冻。

2. 加工番茄膜下滴灌系统维护　对膜下滴灌系统设备需进行日常维护和保养，北方还需进行入冬前维护。进行日常维护和保养是正常运行的重要保证，需要有懂膜下滴灌技术和责任心强的固定管理人员开展这方面的工作，并在此基础上建立健全科学的维修保养制度；北方冬季寒冷，需在膜下滴灌系统结束运行后，对膜下滴灌系统进行全面的维护，以确保来年的正常运行。

（1）水源工程　需定期对蓄水池内泥沙等沉积物进行清洗排除，由于开敞式蓄水池中藻类易于繁殖，在灌溉季节应定期向池中投入硫酸铜（绿矾），使水中的绿矾浓度在 0.1～1.0 mg/L，防止藻类滋生。当灌溉季节结束后，在寒冷地区应放掉蓄水池内存水，否则易冻坏蓄水池。

（2）首部系统

① 水泵。严禁经常起动水泵设备，会造成水泵设备接触"动/静"触头烧损，应不定期检查并用砂纸打磨，触头接触面严重烧损的，触头应该及时更换。在灌溉季节结束或冬季使用时，停止水泵后应打开泵壳下的放水塞把水放净，防止锈坏或冻坏水泵。

② 过滤器。无论哪种形式的过滤器，都需要经常进行检查，网式过滤器的滤网相对而言容易损坏，发现损坏应及时修复或更换。各种过滤器都需要按期清理，保持通畅。

③ 施肥装置。每年灌溉季节结束时对铁制化肥罐（桶）的内壁进行检查，看是否有防腐蚀层局部脱落的现象，如果发现脱落要及时进行处理，以杜绝因肥液腐蚀产生铁化合物堵塞毛管滴头。

④ 量测仪表。每年灌溉季节结束后，对首部枢纽安装的量测仪表（压力表、水表等）应进行检查、保养和调试。

（3）田间管网　应对管道进行定期冲洗，支管应根据供水质量情况进行冲洗。灌溉水质较差的情况下，毛管要经常进行冲洗，一般至少每月打开尾端的堵头，在正常工作压力下彻底冲洗 1 次，以减少灌水器的堵塞。入冬前需对整个系统进行清洗，打开若干轮灌组阀门（少于正常轮灌阀门数），开启水泵，依次打开主管和支管的末端堵头，将管道内积的污物冲洗出去，然后把堵头装回，将毛管弯折封闭。

五、滴灌支管轮灌模式中管网布置形式的改进

在应用过程中，也产生一些问题，如受地区寒冷气候条件的影响，为防止冻胀破坏，主管路一般均采用地埋形式，埋深约为1.6 m，土方工程量大；在工程任务多，施工工期短的情况下，增加了施工难度。再如受区域水文地质条件影响，井出水量小，综合考虑系统的经济性和可操作性，采用支管轮灌模式，简化了滴灌系统管网结构，即使如此，田间出水栓和控制阀门仍然较多，系统运行时管理劳动强度大；且出水栓的密集分布严重影响了秋收、翻地和春播的机械化作业，田间出水栓的破坏现象普遍，既降低了生产效率，又增加了设备投入。目前，这些切实存在的问题已经成为加工番茄节水滴灌工程进一步发展的制约因素，解决这些问题已成为节水农业发展的关键。应在结合现有工程模式的基础上，对支管轮灌管网结构和出水栓分布形式进行改进，以减少土方工程量，提高系统的操控性等，为地区节水农业的发展提供参考。

支管轮灌就是以一条支管控制面积的灌溉范围为基本灌水单元，一条或多条支管构成一个轮灌组，每个轮灌组运行时，该轮灌组内支管上所有毛管全部开启，一个轮灌组灌水完成后，开启另一个轮灌组内的支管，关闭前一个轮灌组内的支管。由于支管管径和流量较大，支管轮灌单个灌溉单元控制面积也较大，是适用于集中连片规模化经营土地的灌溉工程模式。

1. 支管轮灌模式管网传统布置实例 以辽宁建平县八家农场柴达木分场节水增粮项目区支管轮灌应用为例，项目区位于老哈河东侧，地势平坦，土地集中连片。2012 年实施滴灌工程，面积733 hm²，片区内有井 36 眼，单井出水量 50～60 m³/h，其中 27号井滴灌工程布置如图 3-2 所示。单井控制面积约 18 hm²；南北向距离 450 m，东西向距离 400 m，系统采用支管轮灌模式，地面铺设 Φ63PE 管作为支管，在 PE 管上安装按扣三通，双向布置滴灌带，单侧长 75 m，滴灌带间距 1.2 m，支管长度约 25 m，单支

管控制面积近 0.37 hm²，通过支管单元入口的球阀独立控制。每 2 个支管轮灌单元共用 1 个出水立管与地埋分干管相连，分干管为 Φ63PVC 管，单侧长度 75 m，分干管对称分布在地埋干管上；干管为 Φ90PVC 管，单侧长度 175 m。

　　根据系统布置，单井控制范围内共有 2 条地埋干管，2 条地埋分干管，12 条地埋分管，48 个支管轮灌单元，24 个出水立管按 50 m×150 m 间距布置田间。系统运行时，每次运行 3 个支管单元，每个干管至少有 1 个支管单元运行，且每个分干管上最多只能有 2 个支管单元运行。

　　2. 支管轮灌模式管网改进后的布置　管网布置改进主要是在现有支管轮灌模式的基础上，小改变水源工程，也小改变支管轮灌

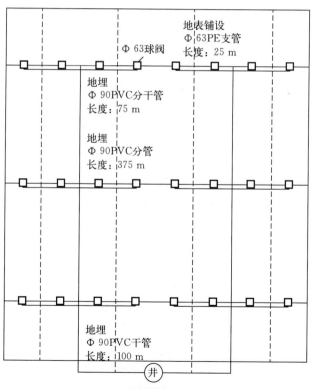

改造前布置图

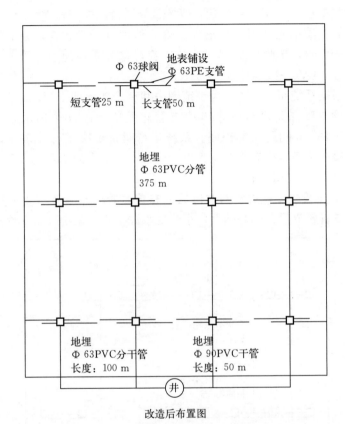

改造后布置图

图 3-2　支管轮灌模式管网改造前后布置图

单元大小，仅通过改变管材管件的布置形式，减少地埋管路和田间出水口密度，达到便于施工和运行的目的。改进后 27 号井的管网布置如图 3-2 所示，系统仍采用支管轮灌模式，滴灌带布置方式小变，支管采用 Φ63PE 管地表铺设，分长短两种，短支管 25 m，长支管 50 m，长支管后 25 m 连接滴灌带，前 25 m 作输水管，单支管控制面积仍为 0.37 hm²，通过支管单元入口的球阀独立控制。4 条支管相邻，每一长一短两个支管轮灌单元共用一个出水立管与地埋干管相连，分干管为 Φ63PVC 管，单侧长度 375 m×75 m，分干管对称分布在地埋干管上,干管为$\Phi90$PVC管,单侧长度50 m。

管网改进后,单井控制范围内共有2条地埋干管,2条地埋分干管,4条地埋分管,48个支管轮灌单元,12个出水立管按100 m×150 m间距布置田间。系统运行时,每次运行3个支管单元,分别位于3个不同分干管。

3. 管网布置改进效果 27号井管网布置形式改进后,管材管件用量主要差异如表3-7所示。改进管网布置后,地埋干管用量减少约850 m,地埋分干管和地表支管数量明显增加,分别增加800 m和600 m,即在管网改进中,通过增加小口径分干管减少了大口径干管长度用量;与此同时,大口径管件用量减少,而小口径管件用量增加。根据当前管材管件市场价格计算,改进管网布置方式后,节省投资3 618.2元。

表 3-7 改造前后管材管件主要差异

管材管件	型号	单价（元）	改造前		改造后	
			数量	金额（元）	数量	金额（元）
地埋 PVC 管	$\Phi90$	18.9	950 m	17 955.0	100 m	1 890.0
	$\Phi63$	9.6	900 m	8 640.0	1 700 m	16 320.0
三通	$\Phi90$	32.2	10 个	322.0	2 个	64.4
	$\Phi63$	11.3	36 个	406.8	44 个	497.2
弯头	$\Phi90$	25.3	2 个	50.6	0 个	0.0
	$\Phi63$	8.1	12 个	97.2	6 个	48.6
变径	$\Phi90-63$	12.1	12 个	145.2	4 个	48.4
地面 PE 管	$\Phi63$	8.5	1 200 m	10 200.0	1 800 m	15 300.0
合计				37 816.8		34 168.6

六、膜下滴灌加工番茄管网铺设实施案例

加工番茄滴灌工程设计总面积136.82 hm²,分两个滴灌系统,种植作物为加工番茄。现有条田、渠、林、路及配电线路已完备,

根据现状，结合水源、气象、地形、土壤作物等自然条件来进行系统规划、滴灌设计及首部设备选取、系统保护和控制、调节及排水设计 4 个方面的设计工作，具体设计特点如下。

1. 系统规划 根据条田、道路、斗渠现实状况，综合考虑各种因素，合理选择首部沉淀池的位置。根据滴灌设计工程的基础数据和微灌技术规范规定的设计技术要求，来确定滴灌系统的灌溉控制面积。本设计为两个滴灌系统，其中 5 号地规划为 1 个首部、1 台水泵、1 台砂石＋网式过滤器；1 号地规划为 1 个首部、1 台水泵、1 台砂石＋网式过滤器。

2. 滴灌设计

（1）滴灌带布管模式 根据对近几年加工番茄播种模式及滴灌带配置方式的调查，一管二行的滴灌带铺设方式具有灌水周期短、灌溉水量易控制，作物长势均匀，节水增产效果显著，可有效避免因出苗水滴水量较大造成地温较低影响作物生长等优点，所以项目内膜下滴灌加工番茄采用一膜一管两行的滴灌带配置模式。

（2）滴灌带选择

① 根据项目区种植结构、土壤质地，同时考虑铺设、回收等施工、使用管理方便的要求，本工程选用 1 年 1 用的单翼迷宫式滴灌带。为了保证一管二行滴灌带铺设方式在计划灌水量的条件下能够有足够的湿润深度，滴灌带选用小滴头流量，以主要选用 1.8～2.1 L/h 型号的滴头流量为宜。小流量滴头在灌水定额一定的条件下较大流量滴头的湿润深度大，有利于作物根系深扎，提高作物的抗旱能力。

② 滴灌带滴头间距为 300 mm，因滴灌带间距短，滴头数量增加，滴量增大，为了保证滴灌系统灌水均匀度及滴灌带的工作压力，减少平均滴水量，在保证湿润深度的前提下减少湿润宽度，减少无效灌溉水量，因此，采用滴头间距 300 mm 的滴灌带。

3. 滴水方式及设计方案

（1）多条田支管轮灌灌溉方式的缺点

① 运行管理极不方便。开关阀门的管理人员要来回跑多个条

田，费时费力，功效较低。

②水、电费计算复杂。按亩均摊费用造成农户为水、电费扯皮的事情时有发生。

③肥料不能统一，无法满足个人施肥要求。

④滴水时，轮灌地块不便于机车作业。而单条田轮灌方式可以避免上述缺点，故该轮灌灌溉方式深受广大职工和连队的欢迎。因此，本项目设计采用分干管单条田轮灌方式。5号地作物种植方向为南北，最长的分干管有 900 m 长，最短的分干管有 423 m 长，为了适当降低管网成本，采用较短干管上毛管全灌，较长干管上毛管分两次对半轮灌方式进行；1号地作物种植方向为东西，最长分干管 750 m，最短分干管为 400 m，同样采用较短干管上毛管全灌，较长干管上毛管分 2 次对半轮灌方式进行滴水。

（2）设计方案采用四级管网控制灌溉方式　即主干管＋分干管＋支管＋滴灌带方式。具体为：滴灌首部设沉淀池、水泵、过滤器及施肥系统和泵房，田间管道分主干管、分干管、支管、滴灌带四级，主干管顺条田短边布置，分干管垂直主干管（顺条田长边布置），支管垂直分干管布置，滴灌带垂直支管（平行条田）布置。干管、分干管埋于地下，支管、滴灌带全部铺设于地面。

4. 水头损失计算和管网管径确定　根据管网规划方案，在田间布置管线，然后根据条田的实际情况进行轮灌组的划分，找出最不利情况，根据微灌技术规范的相关规定和最不利点滴灌带进水口的压力要求，采用多孔管道沿程水头损失公式计算出支管水损，然后根据管道沿程水头损失公式计算分干管和干管水损。为了降低管网的水头损失，设计中采用压力等级低、管径大的管材作为设计的各级管网。

5. 水泵选择　本系统的水源形式为渠水，因此该滴灌工程所选水泵必须为离心泵。通过水力计算，求出系统的总水损和总流量，根据系统对流量和水损的要求，查有关水泵选型资料，确定水泵型号。设计水泵 5 号地采用卧式节能型单级单吸直联式离心泵，其性能为扬程 35 m，流量 260 m³/h，配套功率 37 kW；1 号地采用同样离心泵，其性能为扬程 30 m，流量 280 m³/h，配套功率 37 kW。

6. 水质处理设计 加工番茄灌溉水通过沉淀池进水口的滤网式拦污栅和池中泵头周围的拦污网来过滤藻类和其他杂质；通过沉淀池来沉淀粒径＞0.06 mm 的砂粒；最后用砂石＋网式过滤器滤除灌溉水中非常细微的颗粒。

7. 首部沉淀池设计及过滤设备选取 设计中沉淀池取长为 50 m、宽度为 7.2 m、深度为 1.7 m、边坡系数为 1：1.75 的梯形混凝土预制板池。

8. 系统保护设计

(1) 首部保护设计 在卧式离心泵进出口设置闸阀，方便水泵系统的运行和管理，同时方便在灌溉季节水泵维修和更换；在水泵出水管路上安装逆止阀和进、排气阀，保障水泵正常运行。

(2) 管网保护设计 为了防止在冬天停灌季节造成管材的损坏，设计时将地埋管网设计埋深在冻层以下 1.2 m；在干管的三通、弯头等处设置镇墩。

9. 控制、调节和排水设计 为方便管理、冲洗和维修管道，在分干管的首端设置闸阀井和闸阀；在分干管的末端设计尾排，水进排渠；在支管的进水口处设置球阀。为使各滴灌带进口压力平衡，滴灌带和支管之间采用稳流三通连接。支管间滴灌带中间不用剪断，以保持滴灌带间压力平衡。为使干管便于排水，干管按水流方向在东端设置排水设施。

第四章 膜下滴灌加工番茄栽培施肥

第一节 膜下滴灌加工番茄栽培施肥对土壤条件的要求

任何植物的生长都要吸收大量的养分及水分才能完成一个生长周期，使果实产量稳定。

加工番茄性喜温、喜光，是短日照植物，耐旱，但不耐涝。加工番茄喜水，植株地上部的茎叶繁茂，蒸腾作用较强。番茄根系发达，吸水力较强，生长期内不能缺水，土壤湿度宜在 60%～80%、空气湿度宜在 45%～50%。加工番茄适应性较强，对土壤条件要求不十分严格，适合微酸性至中性土壤，土壤 pH 以 6～7 为宜。充足的光照能促进养分的积累和转换，以供应植株生长，使植株健壮抗性强，防止徒长，有利于提高产量。

加工番茄喜肥，需肥量较大，番茄生产过程中，前期氮需求量最多，后期钾需求量较多，全生育期要均衡施加磷肥。还需提供多种微量元素，如钙、硼、锰、锌等。不同生育期所需养分也有所不同。宜在土壤肥沃，土层深，土质疏松，光照充足，排灌便利，无病虫害或病虫害低发，远离污染，有洁净水源的田地种植。

一、土壤供肥性及加工番茄生育期各营养元素管理

科学的养分管理计划应该根据土壤养分状况和供应能力、加工

番茄养分需求规律、目标产量、灌溉方式等因素在种植前就制定好，并根据生育期内的土壤养分测定和加工番茄植株组织养分测定结果作出相应调整。在同样的施肥量下，增产幅度也会因土壤类型、施肥和灌溉方法、肥料种类等因素有较大差异。

1. 土壤供氮性及加工番茄氮肥管理 加工番茄早期的氮肥需求量较低，如果土壤有机质含量＞2.5%、硝态氮含量＞25 mg/kg，种植前可以不施氮肥。如果土壤有机质含量＜2%、硝态氮含量＜10 mg/kg，需要在种植前后，将计划氮肥总量的20%～30%施入田中作基肥，在坐果初期至果实大量成熟前，将剩余计划施入的氮肥分次施入田间。加工番茄是根系中等深度的作物，除土层浅的沙性土壤外，整个生长期内土壤中硝态氮的自然淋洗损失不大，开花初期土壤的硝态氮含量测定对于指导此后的氮肥施用很有帮助。60 cm土层土壤中硝态氮含量高于 10 mg/kg 的农田，每 667 m² 施用 10.7～12 kg 氮就可以取得较高的产量；土壤硝态氮含量低于 5 mg/kg 的农田，每 667 m² 施用 16.7 kg 才能满足作物对氮肥的需求。采用滴灌，行间土壤上层大多时间是干燥的，土壤有机氮的矿化作用也受到一些制约，减少了土壤有效氮的供应。此外，滴灌更有利于坐果，需要施更多的氮肥。加工番茄田间滴灌栽培表明：每 667 m² 产 10～12 t 加工番茄的高产田需要在生育期内施入 16.7 kg 以上的氮。

2. 土壤供磷性及加工番茄磷肥管理 由于磷素移动性弱，在加工番茄生育期的早期阶段，土壤温度低，幼苗的根系小，对磷素的吸收受到很大限制。磷肥的位置越靠近植株幼苗，利用程度就越高。土壤磷素含量高于 25 mg/kg 的田块，可以不施磷肥，但要在生育期内通过组织养分测定确认磷素是否充足。土壤磷素含量低于 25 mg/kg 的田块，磷肥的施入量应该等于或高于将来被转移到果实中磷素。生产实际中，考虑到土壤的 pH、缓冲容量等因素，为了作物更好的生长，建议每 667 m² 磷施入量为 2～3 kg。无论是常规灌溉还是滴灌，所有计划施入的磷肥通常作为基肥，在上一年秋冬季犁地前通过全层施肥撒施，或作为种肥在播种或秧苗移栽前条施。撒施可能需要更多的施肥量。当加工番茄根系发育强壮后，土壤磷素更容易被植株吸收，生育期内不再追施磷肥。

3. 土壤供钾及加工番茄钾肥管理　加工番茄整个生育期对钾素的需求很高。在有效钾含量低的土壤中，能够支撑加工番茄植株前期的营养生长，但开始坐果时，如果土壤供应的钾素不能满足作物需要，会造成落果。土壤有效钾含量影响果实的色泽和均匀一致性，提高钾肥施入量并不会显著提高果实的可溶性固形物含量，坐果期间施钾肥是最有效的施肥技术。如果土壤中可交换钾的含量低于 100 mg/kg，种植前每 667 m² 施入 3 kg 钾基本能满足加工番茄早期生长对钾肥的需求，然后在坐果初期至成熟初期，将剩余计划施入的钾肥分次施入田间。加工番茄采收时果实钾的含量通常每 667 m² 为 15～19 kg，因此，钾肥施用量少于上述数字意味着加工番茄从土壤中掠夺钾素。土壤测定钾素含量超过 200 mg/kg，加工番茄当季产量受施钾肥影响不大。考虑到滴灌会增加坐果，以及在滴灌方式下，相当部分没有灌溉的土壤中的钾被固定，因此滴灌农田需要多施钾肥。由于我国西北地区土壤中钾素含量普遍较高，生产中每 667 m² 施用 4～8 kg 钾通常就能获得较高的产量。

4. 土壤中其他营养元素及应用　多数土壤中含有加工番茄生长发育所需的所有中等吸收量营养元素和微量元素，加工番茄生产中通常不需要补充钙、镁、硫、硼、铁、铜等营养元素。但在中等程度以上的盐碱土壤上，尽管各营养元素的含量处在合理的水平，但由于 pH 较高、离子拮抗作用、气候条件、施肥和灌溉等因素，各营养元素利用的有效性降低，加工番茄根系无法从土壤中获得足够的养分，很可能影响植株的正常生长发育。当田间植株表现出一些营养元素缺乏的典型症状时，还需要通过土壤养分测定和植株组织养分测定来确定。一旦出现上述问题，改良土壤的酸度比增施肥料更重要，叶面补充能在一定程度上缓解问题。在滴灌方式下，建议微量元素以螯合态形式与大量元素一起加入灌溉水中。

5. 配方施肥在加工番茄生产上的应用　配方施肥是指以养分归还学说、最小养分律、养分同等重要律、养分不可代替律、肥料效应报酬递减律和因子综合作用律等作为理论依据，确定不同养分的施肥总量和配比。是以土壤测试和肥料田间试验为基础，调节和解决番茄需肥与土壤供肥之间的矛盾。实施配方施肥主要有测土、配方、施肥 3 个环节。测土包括代表性田块的土壤取样和采用合适的检测方法进行实验室分析 2 个过程。配方是以各种单质或复混肥料为原料，根据土壤状况，开展田间肥效试验，提出有针对性的肥料配方和使用技术。农民根据肥料配方和使用技术建议，购买各种肥料进行施肥，以实现番茄所需各种养分的平衡供应。

配方施肥是一个动态管理的过程。除使用配方肥料之外，还需要遵从相关领域专家的指导，基层专业农业科技人员与农户紧密配合，观察、记录作物生长发育过程和产量变化，及时反馈到制订配方的专家那里，作为调整施肥配方的重要依据。肥料配方和施肥技术的每一次修订，会使施肥配方、施肥技术措施更切合实际，更具有科学性，效果更好。因此，开展配方施肥，相关技术资料的积累通常需要连续进行 3 年以上。在我国，虽然近年来大力推广测土配方施肥技术，但由于该项技术推广的主体为各级农业技术推广站，以及国内在加工番茄的养分管理和施肥技术方面研究基础薄弱等原因，这一技术的应用范围还很小，尚处于初级阶段，该项技术未能真正在生产中发挥应有的作用，肥料的增产效益未得到充分发挥。

配方施肥是一个较复杂的工程，更适合由加工企业或团场牵头，地方政府职能部门协助和监督，结合项目的申报进行。通过委托专业科研人员制订科学的实施方案，扎扎实实地连续开展 3～5 年，获得当地典型条件下加工番茄施肥综合方案，并通过示范田等方式，加快合理技术的推广。对农民节约生产开支、提高产量、增加种植收益将有很大的帮助，也能培训加工企业和地方基层农业科技人员以及更多懂得科学管理的农民，逐步实现以合理的投入获得较高的产量。

6. 盐碱土壤的加工番茄养分管理　我国西北地区的农田普遍面临着不同程度的土壤盐渍化和盐碱化。盐碱土高 pH 和含盐量直接影响了作物对各营养物质的利用率。铁、锰、铜、锌随着 pH 增高，逐渐转化为氢氧化物或氧化物，Ca^{2+}、Mg^{2+} 以 $CaCO_3$、$MgCO_3$ 形式存在，溶解度降低。

盐碱土壤养分管理建议如下。

① 建设畅通的排水渠系，结合排碱洗盐、膜下滴灌等灌溉技术，降低地下浅层水位，抑制返盐，逐渐降低土壤的 pH。减少单次施肥数量，增加施肥次数，避免土壤的次生盐渍化加重。

② 增施腐熟的有机肥和秸秆还田，提高土壤缓冲性和通透性，增加土壤微生物活性，促进养分转化。

③ 选择生理酸性肥料、盐值低的肥料，犁地前撒施硫酸钙是盐碱土改良和钙素管理的重要措施。在轻度盐碱的加工番茄田，增施氮肥可以减轻盐分对生长和产量的影响。

7. 有机肥料的应用　有机肥料具有提高土壤有机质含量，改良土壤物理化学性质、为作物提供养分和活性物质、加快土壤中养分的转化和循环等特点，在改善中低产田和可持续丰产能力方面发挥着不可替代的作用。堆肥和一些绿肥作物是磷、钾素很好的来源。有机肥料养分含量普遍较低，需要配合施用氮、磷、钾等无机化肥，以便更好地发挥肥效。

（1）堆肥的应用　新鲜的家畜和家禽的粪便、作物收获后的秸秆、杂草落叶、生活垃圾等所含的养分大多数为有机态，不能直接被作物吸收利用或转化，且含有一定数量的病原菌、虫卵、草籽等有害生物，需要通过堆制和腐熟，加快有机物质分解成作物根系易于吸收利用的养分，并对其中可能有害的生物进行无害化消毒处理。病害发生严重的茄科作物农田的秸秆不宜用于堆制有机肥。

农民自制堆肥时，因堆肥原料不同，堆制过程中堆制腐熟时间、化学物质添加、水分补充、翻堆次数等也需要相应调整，每次生产的有机肥料质量也会有较大的差异。堆肥时，应使肥堆内温度升高到 60 ℃，并稳定 10 d 以上。

随着规模化养殖场增多，采用好氧高温堆肥技术利用家畜、家禽粪便大规模生产的有机肥料，因为堆肥原料差异较小，且按照固定的程序进行加工，生产出的有机肥料质量相对稳定，容易储藏、运输和使用，在一些地区生产中已经大面积应用。不同工艺、不同类型原料生产的有机肥料的养分含量可能差异较大。

堆肥通常用作基肥，结合翻地施用，并与土壤充分混合。自制的有机肥料通常每 667 m² 施 1 m³ 以上。工厂生产的有机肥料通常每 667 m² 施 100 kg 以上。有机肥料需要连续施多年才能有效地改良中低产田。有机肥料养分含量普遍较低，需要配合施用氮、磷、钾等无机化肥，以便更好地发挥肥效。

无论是自制，还是工厂规模化生产的有机肥料，在应用到加工番茄无公害生产时，都应确保符合《生物有机肥》（NY 884—2012）中的相关规定。避免将未经腐熟的人、畜粪便随灌溉直接施入田中。

（2）绿肥的应用　与堆肥相比，虽然种植绿肥费用更高，而且影响正播作物的生产，但绿肥在促进土壤有机质的积累和更新、改善土壤理化性状和为作物提供养分等方面，效果较堆肥更显著。箭苦豌豆、三叶草、紫花苜蓿、草木樨、油菜、油葵等是西北地区常见的绿肥作物。可以在夏季上茬作物收割后，种植绿肥，秋冬季切割粉碎后翻入农田；也可以一年只种植一季绿肥作物，如紫花苜蓿等，一年多次刈割用作饲草，秋冬季切割粉碎后翻入农田。

选择合适的绿肥作物，适时播种，适量施肥，合理灌溉，适时收割或翻压，才能获得改良土壤的理想效果。

二、种植地块的选择

加工番茄是一种高产作物，尽管适应性较强，但为了更容易地获得高产，选择农田时应考虑避开番茄病虫草害严重危害过的、土壤贫瘠的地块。

1. 农田土壤的要求　选择地势平坦，土层深厚，方便灌溉，排水良好的壤土性质的地块。通过测定土壤中大量元素、中量元素和微量元素的含量了解土壤养分整体状况，是否存在个别营养元素不均衡、过量盐碱等情况。适合番茄种植的土壤 pH 为 6.5～8。

确认农田土壤没有受到过国内外相关标准禁止使用的农药严重污染或重金属残留在许可范围内，或者使种植加工番茄的农田远离公路、化工企业、印染企业、冶金企业、养殖场等可能严重污染农田土壤的污染源。

2. 种植地块的栽培史　了解计划种植地块的前茬作物，是否与番茄同属茄科；或前茬作物是否为番茄上一些病虫草害的寄主，并可能把病虫害传播到即将种植的番茄上；前茬作物连续两年使用的除草剂种类、用量，是否使用了禾本科作物上常用的磺隆类除草剂，对番茄的萌芽、出苗和生长发育是否有重大影响；以前种植加工番茄时，种植加工番茄的方式、长势情况、成熟期、产量水平等农事信息。

了解计划种植地块的主要杂草种类，是否有恶性杂草，如菟丝子、田旋花、龙葵属杂草，是否发生过番茄病毒病、疫霉根腐病、枯萎病、黄萎病等病害，根节线虫、地老虎等是否危害严重。

3. 种植地临近地块或区域选择　选择种植加工番茄的地块时还需要考虑相邻作物和地块的病虫害问题。如相邻棉田中的蓟马、棉铃虫、棉蚜、棉叶螨等害虫会迁移到番茄田中危害；相邻的茄科类作物田，以及荒地中茄科杂草或其他类杂草上的病原微生物、害虫也会在一定条件下侵染和危害相邻的番茄田等。

4. 轮作倒茬　与非寄主作物进行间隔期长的轮作能中断一些与加工番茄有关的病原微生物、根结线虫及杂草的侵染循环，显著降低农田中有害生物的种群数量。科学的轮作倒茬制度还可以起到增加土壤有机质含量、改善土壤结构、延缓土壤退化，保持长期丰产潜力的作用。为了避免与有共同危害生物的同属作物轮作，与非茄科作物轮作3年是通常推荐的做法。然而，在很多地区，这样长时间的轮作可能在生产中不容易实行，较短期的轮作（1～2年）也是有益的，但有效程度降低。总之，尽量避免与马铃薯、辣椒等茄科作物轮作，坚决避免在同一地块连年种植加工番茄，特别是加工番茄田感染了一些可能通过土壤或植株残体越冬并进行下一轮侵染循环的病虫害时，科学倒茬就显得更有实际意义。

加工番茄根系主要分布在土壤以下 15～60 cm 的范围。选择与较深根系的作物轮作，有利于从深层土壤汲取养分。考虑轮作作物时，还应结合对田间害虫、杂草的控制。种植绿肥可以帮助增加土壤腐殖质含量，有利于形成团粒结构和大量的土壤微生物群落，改善土壤的通气性和透水性，创造更有效的自然生态下抑制土传病害发生的环境。在犁地之前，应该使用茎秆粉碎机和重耙等农具，仔细粉碎种植的绿肥的植株茎叶，以加快降解和便于地块的准备。

与加工番茄倒茬较为合适的作物有谷类作物（小麦、玉米、高粱等）、豆类作物（大豆、豌豆、蚕豆、绿豆、无架菜豆或豇豆等）、瓜类作物（西瓜、甜瓜、南瓜等）、油料作物（油葵、油菜等）、蔬菜作物（大白菜、甘蓝、花椰菜、莴苣、洋葱、大蒜、芹菜、萝卜、胡萝卜等）。

三、各生产区土壤特性及土壤改良措施

在地势平坦、土层肥沃、灌溉和排水便利、病虫杂草危害轻的农田上，种植加工番茄更容易获得成功。生产中这样标准的农田不多，特别是我国的加工番茄主产区——新疆、甘肃河西走廊、内蒙古河套地区的农田，相当比例的土壤存在有机质含量低、养分含量少、土壤盐碱含量持续增加、理化性状改变、土壤结构被破坏、通透性降低等问题。在上述条件的农田上种植加工番茄，需要对土壤进行长期、科学的改良并采取针对性的耕作管理措施。虽然农田的改良需要持续较长时间并耗费相当的资金，但对土地的可持续利用是大有裨益的。

在播种或秧苗移栽前适时整地。耙地前，根据农田杂草种类，喷施相应的除草剂进行杂草管理。整地后要达到墒、平、松、碎、净、齐的标准。高质量的土地平整也是顺利进行机械采收的基础。在新疆，耙地前后、播种或秧苗移栽前拣拾农田中的塑料残膜是一项重要的准备工作。

在新疆，秋冬犁地前进行全层施肥是一项普遍采用的生产技术措施。全层施肥的数量、肥料种类和比例还需要参考土壤养分测定结果，以确保全层施肥的经济、有效。秋冬犁地前施堆肥，可以增加土壤有机质含量，有利于形成团粒结构、改善土壤的通气性和透水性，对于提升土壤的可耕性有很大的好处。在新疆生产建设兵团的一些团场曾经推广过鸡粪、猪粪发酵的生物有机肥，但在各加工番茄种植区，对农田施用堆肥的做法仍然很少采用。

在一些冬季降雪少、春季常刮风以及地下水位高的地方，可以在上一茬作物收获后，立即灌溉农田（地下水位高的地方不需灌溉）、犁地、平整土地、做畦（甘肃、内蒙古等地），第二年春季合适的时候铺膜，有利于早播。对于地势平坦、病虫草害不严重、土壤质地良好的熟地来说，地块的准备工作相对简单。

对于一些问题较多的农田，部分改良措施见表 4-1。

表 4-1　农田改良措施

可能遇到的问题	改良措施
通气性差	拉沙改土，犁地前撒施有机肥，种植绿肥，秋冬深翻土地
地势不平、容易积水	根据地势划分面积更小的地块，精准平地，使用滴灌，在地的末端挖排水线
养分严重缺失	土壤养分测定结果表明土壤养分严重缺乏时，在犁地前或平整土地前，进行全层施肥
盐土	减小农田规划面积，修建畅通的排水渠系；犁地前撒施有机肥；秋冬深翻；初春早耙地
碱土	减小农田规划面积，平整土地，修建畅通的排水渠系；犁地前撒施有机肥、硫酸钙；初春深翻土地、早耙地；耙地前撒施土壤改良剂
发生病害和虫害	清理田园；土壤深翻、夏秋季曝晒；冬灌等
杂草	在上一年秋季作物收获后，使用草甘膦等灭生性除草剂；秋冬深翻土地，在播种或秧苗移栽前后使用相应的除草剂

各种类型的土壤都可以用于加工番茄生产。沙土通透性好，地温上升快，能促进早熟，更有利于种植早期原料，但由于养分含量

少，保水性差，植株容易早衰。壤土和黏土保肥能力强，通常比沙土地产量高。如果排水良好灌溉仔细，黏土地也可以种植加工番茄。在土壤盐碱含量较高的农田种植加工番茄，需要对土壤进行持续、科学的改良和有针对性的耕作管理。

国外对加工番茄养分吸收开展的一些研究结果表明，每生产 1 t 鲜果，植株需要从土壤中吸收 N 2～2.5 kg、P_2O_5 0.4～0.6 kg、K_2O 3～3.5 kg。

种植者需要结合产量目标、土壤养分水平以及肥料利用率等因素，确定合理的施肥量及栽培土地。

四、生育期内施肥要求

加工番茄适应性较强，对土壤条件要求不太严格，但以土层深厚、排水良好、富含有机质的肥沃壤土为宜。番茄适于微酸性土壤，pH 以 6～7 为宜，过酸或过碱的土壤应进行改良。

加工番茄在生育过程中，需从土壤中吸收大量营养物质。每生产 5 000 kg 果实，需从土壤中吸收氮 17 kg、磷 5 kg、钾 26 kg。此外，番茄对钙、硼、镁的吸收量也很大。

加工番茄在出苗—开花前，养分吸收缓慢，在开花坐果初期和果实膨大期间，氮和钾的吸收加速，在盛果期—果实开始大量成熟这个阶段，养分的吸收持续维持在每 667 m^2 氮 0.38～0.5 kg/天、磷 0.038～0.12 kg/天、钾 0.45～0.6 kg/天的水平，这个阶段也是施肥的关键时候。随着果实大量成熟，氮和钾的吸收在采收前30～35 d 放缓，茎叶内的部分养分逐步回流到果实。在整个生育期，磷素的吸收都是一个很平缓的过程，并且吸收量与氮、钾两种养分相比要少得多。

1. 底肥 加工番茄在播种前要精细整地，适当晒田，施足底肥，为种子发芽、植株生长奠定基础。加工番茄发达的根系在土层中广而深，底肥以充分腐熟的农家有机肥为主，有利于改良土壤，为发达的根系创造良好的生长发育环境，确保苗齐苗壮，提高苗期抗病虫害的能力。底肥可每 667 m² 施腐熟有机肥 3 000～4 000 kg、磷酸二铵 30～40 kg、磷钾肥 20～30 kg、尿素 8～10 kg，有条件的建议测土配方施肥。

2. 苗肥　加工番茄生长期长，是连续开花结果的作物，因此各生育期内及时追肥，是保证植株长势良好的前提条件之一。缓苗后要及时追施催苗肥，对苗期生长具有一定的促进作用。所施肥料不可直接接触根部，避免出现烧根现象。每 667 m² 可施腐熟农家肥 250～500 kg、尿素 5 kg，肥料要施用均匀。

3. 促果肥　第一穗果开始膨大时及时追施促果肥，此时植株生长速度快，根系吸收养分能力旺盛，适时适量追施促果肥，能够促进植株长势，使根系吸收的各类营养元素及时供给果实，促进果实膨大速度。适时适量追肥，还能够提高叶片的光合作用效率，加速养分的转换与输送。每 667 m² 可施尿素 8～10 kg、硫酸钾 5～6 kg；也可施腐熟农家肥 500 kg、尿素 8～10 kg。

4. 果实膨大肥　第二穗果膨大时及时追肥，此时是果实迅速膨大时期，是吸收养分的高峰期，是追肥的关键期，也是决定产量和品质的重要阶段。此时若未及时追肥，植株会因缺肥而长势不良，导致果实膨大缓慢、果肉薄、果汁少、品质差。因此，及时追肥是保证植株长势健壮，避免早衰，促进果实膨大，从而提高番茄产量和质量的重要措施之一。每 667 m² 可施尿素 12～14 kg、硫酸钾 7～8 kg。第三穗果膨大期及时追肥。此时及时追肥对中后期生长具有很好的促进作用。每 667 m² 可施尿素 8～10 kg、硫酸钾 5～7 kg。追施盛果肥时，因气温偏高，最好不施粪肥，以施用化肥为宜。

5. 根外追肥　番茄生长期长，产量高，及时追施促苗肥、促果肥、果实膨大肥，在开花结果期，还要及时进行根外追肥，避免根系、叶片缺肥早衰，影响养分的吸收、转换和输送。番茄盛果后期，可喷施 0.4%～0.9% 尿素，0.5%～0.8% 磷酸二氢钾，0.4%～0.7% 的氯化钙，7～10 d 喷 1 次，连喷 2～3 次。适时适量进行根外追肥，还能够保秧保果，促进后期果实膨大及减少病虫害的发生造成的危害，对提高果实产量和质量也具有积极作用。宜在晴好天气的傍晚时分追施叶面肥，若在喷施叶面肥后下雨，叶面肥易被雨水淋失，要及时补喷。

6. 微量元素 番茄生长过程中，除满足其需要的氮、磷、钾元素外，还要及时补充钙、硼等微量元素，才能实现产量稳定、质量上乘、果实的商品性提高。钙元素不足，会造成植株发育缓慢，迟长滞长，造成空洞果的发生，还易发生脐腐病、心腐病。从第一果穗开始膨大时，就要补充钙元素。可叶面喷施加工番茄叶面肥，10 d 左右喷 1 次，也可叶面喷施 0.5% 的硝酸钙水溶液，对预防出现缺钙症有理想的效果。硼元素不足，会造成果实小，且易形成畸形果。可用 0.1%～0.25% 的硼砂或硼酸溶液 8～10 d 叶面喷施 1 次，连喷 2～3 次。植株在缺少铁、锰、锌元素时，易导致黄化叶、小叶病、花斑叶等，因此还要及时补充铁、锰、锌等微量元素。生产中追肥时，要结合加工番茄的生长习性和生长特点科学进行，满足其生长发育对各类营养元素的需求，从而提高果实的产量和品质。

第二节　膜下滴灌加工番茄栽培施肥的原则

加工番茄对氮、钾需求量远大于磷，全生育期吸收总量中，钾最多，其次是氮，磷较少。氮、钾是加工番茄需求量最大的两种大量元素，目前，加工番茄种植过程中氮肥的施用仍以经验估算为主。由于氮素在促进作物生长发育和产量形成方面作用显著，生产中形成了偏施氮肥的习惯，严重影响投肥经济效益和加工番茄产量及品质，特别是脐腐病发生比例显著增加。新疆土壤有效钾较为丰富，长期以来农民不施或施用较少量钾肥，但随着主要农作物单产水平提高和连年耕作，农作物从土壤中带走大量的钾，使土壤钾素消耗量较大，农田土壤速效钾已有较大幅度下降。而加工番茄为喜钾作物，全生育期内大量需钾。因此，缺钾已成为严重制约加工番茄高产优质的重要因素之一。纠正不合理的施肥方法、调整施肥结构，在大面积生产加工番茄的地区显得尤为重要。

新疆种植加工番茄得天独厚的资源优势结合膜下滴灌栽培种植模式，使得新疆的加工番茄在国际市场中极具竞争力。当前生产中面临施用过量化肥、土壤养分过度累积、肥料利用效率下降、增肥不增产的问题。

土壤养分由缺乏转变为过量累积，过量施肥降低养分利用效率。在施肥越多产量越高的观念影响下，农民为获取作物高产量，盲目过量施肥现象极其普遍。由于农民普遍认为我国北方的土壤含钾量高，作物缺钾的现象很少出现，也就在农业生产中形成了大量施用氮肥、磷肥，而忽视施用钾肥的习惯。在生产中人们重氮肥和磷肥轻钾肥、氮磷钾配比失调、施肥时间与作物生育进程不耦合等，导致产量低、品质劣、肥料利用率低、投产效益下降、环境污染等一系列问题。施用大量氮肥，忽视磷、钾肥与有机肥，维生素C等含量下降、硝酸盐积累，降低了作物的抗病虫害能力，既造成作物品质恶化，也影响产量。

一、养分吸收规律

蔬菜作物和粮食作物相比，养分吸收有以下三点区别：首先，蔬菜作物养分需求量高、养分含量高，且各器官间差异不大；其次，蔬菜作物养分含量随干物质增加而增加；最后，随蔬菜作物的产量增加，蔬菜作物单位产量吸收的养分总量仍持续增加。

经大量试验研究得出，每生产 1 000 kg 加工番茄所吸收的 N、P_2O_5、K_2O 分别是 2.94 kg、0.77 kg、4.94 kg，也就是 N：P_2O_5：K_2O＝1.00：0.26：1.68。加工番茄营养元素吸收特性的研究表明，番茄全生育期营养元素吸收状况为钾素最多，其次是氮素，最后是磷素。对各元素的吸收比例为 $NO_3 - N$：K：Ca：P：Mg＝1.00：1.63：0.57：0.36：0.29，这一结果与国内外研究基本一致。加工番茄植株对养分吸收的显著的特征为番茄各生育期钾含量在茎、果实中远高于叶；茎、果中钾含量也高于氮、磷含量。

加工番茄生育前期对氮素的吸收积累十分缓慢，到初花期还不足生育期总积累量的 10%，且主要分配于叶中，叶中氮素比例高于 75%，花中氮素比例低于 5%。盛果期，氮素积累急剧增加。到成熟期，氮素吸收速率不再增加反而下降，氮素由营养器官茎叶向生殖器官花果转移，茎叶中的氮占总吸氮量的比例减小，果实反之，果实中的氮素占总吸氮量的百分比在 50% 以上。

苗期磷主要分配在叶中，叶中磷积累量占全株的 76.11%～88.12%，随生育期推进，叶中磷比例呈降低趋势。盛果期养分由营养器官向生殖器官转移，茎、叶中磷的比例较盛果期有所下降，果实中磷的比例上升。果实是磷素最终的聚集部位，加工番茄吸收的磷素 60% 以上都累积在果实中。

加工番茄吸收钾素的高峰期有两个，第一个高峰在初花期出现，第二个高峰在第一果穗的果实膨大期出现。营养生长阶段番茄吸钾量较少，仅为番茄全生育期吸钾量的 29.3%，并且其中超过 70% 的钾素集中在叶内。生殖生长阶段果实膨大吸钾量急剧增加，吸钾量占全生育期吸钾量的 70% 以上。与氮素、磷素成熟期积累相似，60% 以上的钾素也集中在果实中。

加工番茄对氮、钾需求量远大于磷，且氮、磷、钾的积累动态均呈现 S 形增长，氮、钾是加工番茄需求量最大的两种大量元素。大量田间试验结果表明，氮、钾是番茄吸收量最多的两种营养元素，其数量和比例必然对番茄的营养代谢和生长发育发生影响。氮、钾两种营养元素在一定程度上相互促进，而氮素供应过量时，植株对钾素的吸收会受到抑制，钾的吸收量会降低。适量钾能促进番茄植株对氮素的吸收，较低浓度钾素水平下，增施钾肥对番茄吸收氮素的促进作用明显，随施钾量继续增加对氮素吸收的促进作用逐渐减弱，施钾量增加到一定程度则会抑制对氮的吸收。钾素促进氮素吸收作用机理可以解释为 K^+ 的主动吸收促进 NO_3^- 的吸收。

二、施肥对加工番茄产量和品质的影响

1. 施肥对加工番茄产量影响的研究　相关研究表明，氮素对加工番茄产量的贡献最大，其次是磷素和钾素。施氮肥量和加工番茄产量效应的函数关系类似于抛物线，随施氮量增加，加工番茄产量迅速增加，而施氮量达到最高产量施氮量后，继续增加施氮量，加工番茄产量则不再增加反而下降。适量的氮肥能够促进加工番茄根系发育，增加氮、磷、钾养分吸收量，降低脐腐病发生概率并增加产量，而过量施用氮肥则有相反的效果。氮肥施用量偏高，不仅果形较小且裂果严重，脐腐病发生概率升高，烂果率增加，耐储性大大降低。

研究认为，施用钾肥对番茄有显著的增产效果，并且经研究证实，施用钾肥番茄可增产 15.71%。后经进一步研究得出，施用 K_2O 225 kg/hm^2 增产效果最佳，增产率可达 29.0%。还有研究发现，适当提高钾肥用量可提高番茄坐果率，增加加工番茄产量，经济效益显著。施用充足的氮肥是加工番茄获得高产的必要前提。与氮肥配合施用钾肥可促进植株对氮素的吸收，有学者认为是氮钾互作改善作物"库源关系"影响"源"组织、扩大"库"而使产量提高。有研究称，当氮素供应达到一定水平，其增产效果取决于土壤速效钾和施钾量的多少。

2. 施肥对加工番茄品质影响的研究　氮是遗传物质的基础，是各类重要化合物的组分，氮素营养状况直接影响蛋白质、碳水化合物的比例与分配，进而影响作物品质。研究表明，氮素供应对蔬菜的产量与品质起决定性作用，影响植物体对 K、P、Ca 等营养元素的吸收以及植物体内还原糖、有机酸含量。研究发现，施氮量低于 300 kg/hm^2 时，随施氮量增加时，可溶性糖含量与糖酸比值均表现为增加，施氮量高于 300 kg/hm^2 且继续增加时，可溶性糖含量与糖酸比值则呈现下降趋势。因而合理施氮对加工番茄品质有重要作用，合理施肥既能提高肥料利用率，又能减轻氮素对环境造成的污染。

钾是构成生物体中多种酶的活化剂，参与植物体内各种代谢过程。施钾能够在逆境胁迫条件下降低植株体内细胞膜的透性，维持细胞膜内外环境的相对稳定，从而提高作物的抗逆性。与其对增产作用类似的，钾肥也只有在氮、磷肥适宜的情况下，提高品质的作用才得以体现。加工番茄品质受施钾量的影响较大，适当增施钾肥可以改善加工番茄品质，提高其可溶性固形物、番茄红素、果实中维生素 C、可溶性糖、有机酸含量。加工番茄果色与果实中钾的含量显著相关，增施钾肥可减轻果实着色障碍。此外，施钾还能增强加工番茄抗逆性、减少果腐病和脐腐病的发生，降低烂果率。

三、滴灌施肥要求

科学滴灌施肥能够实现营养的均匀分布和养分的及时供应，大幅度提高肥料的利用率和增加加工番茄产量，减少常规灌溉中因为过量灌溉可能造成的环境污染。良好的滴灌系统应具有灌溉水源水质适合、灌溉和施肥时操作方便、在系统运转时能确保田间获得足够的水压且水压分配均匀的特点。

1. 肥料的种类　可以用于滴灌的氮、磷、钾肥种类很多，但由于灌溉水所含的可溶盐分组成和浓度以及 pH 等各不相同，在选择滴灌施肥用的肥料时，除优先考虑溶解度外，还应考虑水质。在富含二价阳离子（Ca^{2+}，Mg^{2+}）和碳酸氢根阴离子（$HCO_3{}^-$）的水中，用一些肥料易形成磷酸钙等沉淀而堵塞过滤器和滴头。常用于滴灌的氮肥有尿素和硝酸铵，氯化钾和磷酸二氢钾是常用的钾肥，而磷酸二氢钾作为钾肥来源的同时也提供了磷肥。硫酸钾的溶解度相对较低，同等温度条件下仅是磷酸二氢钾的 1/2，氯化钾在灌溉水含 Ca^{2+}、Mg^{2+} 普遍较高的新疆地区应谨慎使用，氯化钾在含盐量高的土壤中应用会加重土壤盐渍化。

市场上供应的滴灌专用肥在 N - P - K 的含量上有多种不同规格，种植者在选购时，除了依据各营养元素的含量外，还应了解这些复合肥的溶解度、pH，肥料中硝态氮和铵态氮的比例，肥料中其他元素，如 Ca^{2+}、Cl^-、Na^+、$SO_4{}^{2-}$、Mg^{2+} 等的含量。如果 Cl^-、Na^+ 含量高，可能会加重土壤盐渍化和导致 pH 的升高，影响其他元素的有效吸收。

2. 施肥　种植前施肥可以在上一年秋季犁地前全层施肥，也可以利用铺膜播种机条施带入土壤。条施时肥料距离种子行或秧苗定植行 $5\sim8$ cm，深 $10\sim12$ cm。人工起垄方式的，先撒施肥料，再起垄覆膜。磷肥在种植前一次性施入。

播种或秧苗移栽后的施肥，结合灌溉间隔的安排。通常每 $5\sim7$ d 施一次肥就能满足需要。每次滴施肥时，根据施肥数量和施肥装置操作的方便性，在灌溉循环末期的 $1\sim2$ h 前注入肥料，使肥料尽可能分布在根区附近，减少因过早注入肥料可能造成的将肥料淋洗至根系主要分布区域以下的空间。

施肥数量和种类应建立在有效的土壤养分测定的基础上。种植前条施或撒施 $45\sim60$ kg/hm² 磷肥，通常可以保证加工番茄对磷素的需求。

四、加工番茄生长中后期养分管理措施

1. 养分的综合管理　加工番茄的养分需求特点：番茄在出苗—开花前，养分吸收慢，在开花坐果初期和果实开始膨大后，对钾素的吸收加速；在盛果期—果实开始成熟前这一阶段，养分的吸收每天持续维持在 N $57\sim75$ kg/hm²、P_2O_5 $0.57\sim1.8$ kg/hm²、K_2O $6.75\sim9$ kg/hm² 的水平，这个阶段也是施肥的关键时候；随着果实的大量成熟，氮素和钾素的吸收逐渐放缓，叶内的部分养分逐步回流到果实。

在整个生育期，磷素的吸收都是一个很平稳的过程，吸收量相比氮、钾两种养分要少得多。研究表明滴灌方式下产量为 125 t/hm² 的加工番茄养分吸收水平为：N 300 kg/hm²、P_2O_5 45 kg/hm²、K_2O $350\sim400$ kg/hm²。在加工番茄生长的中后期，养分吸收特点表现为在坐果初期和果实膨大期间，氮素和钾素的吸收加速；在盛果期—果实开始大量成熟阶段，养分的吸收量保持在非常高的水平，这个阶段也是施肥的关键时期；随着果实大量成熟，氮素和钾素的吸收在采收前 4～5 周放缓，茎叶内的部分养分逐步回流到果实，因此，在后期不需要再施肥。

2. 各营养元素的管理 科学的养分管理计划应该根据土壤养分状况和供应能力、加工番茄养分需求特点、目标产量、灌溉方式等因素在种植前就制订好，并根据生育期内的土壤养分测定和加工番茄植株组织养分测定结果作出相应调整。如果土壤不能提供作物所需要的养分数量，就需要管理者及时提供补充。同样的施肥数量，增产幅度也会因土壤类型、施肥和灌溉方法、肥料种类等因素有较大差异。实际生产中，由于土壤养分测定和加工番茄植株组织养分测定并不方便实施，为了避免因施肥数量不足造成减产，种植户倾向于多施肥。以下氮、磷、钾的施肥数量是以 N、P_2O_5 和 K_2O 为基础折算的，种植户在使用时需要按照具体的肥料种类进行相应折算。例如建议施入 1 kg 氮肥，如果使用的是尿素，含 N 量为 46%，需要施 2.17 kg 尿素；施入 1 kg 磷肥，如果使用的是过磷酸钙，含 P_2O_5 为 12%，需要施 8.3 kg 过磷酸钙；施入 1 kg 钾肥，如果使用的是氯化钾，含 K_2O 为 60%，则需要施 1.67 kg 氯化钾。如果使用的是复合肥，则要依据各元素的含量分别计算。

第三节　膜下滴灌加工番茄栽培施肥常用肥料

加工番茄是普通番茄中的一种栽培类型，高度在 30～90 cm。主要用途是送入加工厂加工处理，处理产品主要是番茄酱，另有番茄干、番茄粉、番茄红素等产品。

加工番茄不同生育时期对养分的吸收量不同，一般随生育期延长而增加。在幼苗期以氮营养为主，在第一穗果开始结果时，对氮、磷、钾的吸收量迅速增加，氮在三要素中占 50%，而钾只占 32%，到结果盛期和开始收获期，氮只占 36%，而钾已占 50%，结果期磷的吸收量约占 15%。加工番茄需钾的特点是从坐果开始一直呈直线上升，果实膨大期吸钾量约占全生育期吸钾总量的 70% 以上。直到采收后期对钾的吸收量才稍有减少。番茄不同生育期养分吸收量不同，吸收量随植株的生长发育而增加。在幼苗期以吸收氮素为主，随着茎的增粗和伸长对磷、钾的需求量增加。在结果初期，氮在三种主要营养元素（氮、磷、钾）中占 50%。钾只占 32%。进入结果盛期和开始收获时，氮占 36%，钾占 50%。分析加工番茄整个植株体内氮、磷、钾的比例为 1∶0.4∶2，而加工番茄对氮和钾的吸收量为施肥量的 40%～50%，对磷的吸收仅为施肥量的 20% 左右，是氮、钾的一半。所以，加工番茄氮、磷、钾施肥量的比例应为 1∶1∶2。

一、大量元素肥料

1. 氮肥

（1）主要氮肥种类介绍　氮肥是含有营养元素氮的一种肥料。氮素对加工番茄生长起着非常重要的作用，是作物体内氨基酸的组成成分，是构成蛋白质的成分，也是对加工番茄进行光合作用起决定作用的叶绿素的组成成分。氮素还是对加工番茄生长和产量影响最大的因素，其营养状况与加工番茄植株体内生理代谢过程，光合特性与磷、钾素的吸收等密切相关，最终影响番茄产量的高低与品质的优劣。随着番茄丸粒化直播技术的发展，以及乡镇工业的发展和城乡一体化进程的加快，有机肥与无机肥配合施用制度已在生产上逐渐消失，取而代之的是施用大量化学肥料，尤其是氮肥的施用量急剧增加，形成了"无机化、高氮化"的施肥格局。实践证明，在这样的施肥条件下，并没有显著提高加工番茄产量和经济效益，相反，随着施氮水平的增加，产量甚至出现下降的趋势，过高的氮肥投入量不仅使得氮肥利用率过低，而且直接和间接地导致了一系列不良的环境反应。此外，过多施用氮肥还会造成加工番茄后期贪青迟熟、加重病虫害发生和品质变劣等危险，使得生产成本提高，产投比下降。

① 尿素。尿素因其价格低、运输便捷、水溶性好等优势一般可作为膜下滴灌加工番茄氮肥的首选。尿素含氮45%～46%，是人工合成的第一种有机物，同时也广泛存在自然界中，如新鲜人尿中有0.4%的尿素。普通尿素为白色结晶，呈针状或棱柱状晶形，吸湿性较强。粒状尿素外观光洁，吸湿性明显改善。尿素易溶于水，20℃时溶解量为105%，尿素是中性小分子，不带电荷，转化前不易被土粒吸附，易随水淋失。

尿素施入土壤后，即在脲酶作用下开始水解，形成碳酸铵，再进一步分解为 NH_3 和 CO_2，然后通过硝化作用形成硝酸盐。尿素施入后水解产生氨，引起的氨挥发损失可占施入氮量的40%～53%。在 pH＞6.5 的石灰性土壤上，可占到施入氮量的12%～50%。尿素还可随下渗水引起分子态尿素的淋失。尿素水解后形成的氨，在好气性氧化条件下，其较易转化为硝态氮，也可引起氮素的淋洗损失。可见，合理施用尿素减少其损失是充分发挥尿素肥效的关键。

尿素适应于各种土壤和作物，因其养分含量高，水溶性好，非常适合膜下滴灌施用。施用时期可适当提前几天，使其分解转化。由于分子态尿素也较易淋失，故施用尿素时不宜浇水过多，以免淋洗至深层，降低其肥效。

② 硫酸铵。硫酸铵 $[(NH_4)_2SO_4]$，简称硫铵，俗称肥田粉，是我国最早使用和生产的氮肥品种。纯净的硫铵为白色晶体，有少量的游离酸存在。若为副产品或产品中混有杂质时带微黄灰色等杂色。硫铵物理性质稳定，分解温度高，不易吸湿，易溶于水。我国现行硫铵的标准为：含氮20.5%～21%、水分0.1%～0.5%、游离酸＜0.3%。硫铵施入土壤后，由于作物对 NH_4^+ 吸收相对较多，SO_4^{2-} 较多残留于土壤中，易引起土壤酸化，故硫铵是一种典型的生理酸性肥料。硫铵在石灰性土壤中长期施用易引起板结。硫铵宜作为追肥用，用量应视作物目标产量和生长情况而定，一般每667 m^2 施10～20 kg较为经济。硫酸铵还可作为基肥和种肥施用。

③ 碳酸氢铵。碳酸氢铵（NH_4HCO_3），简称碳铵。碳铵含氮17％，是我国主要氮肥品种之一，占全国农用氮总量的50％左右，在农业生产中发挥着重要作用。

碳铵是一种白色细粒结晶，有强烈的氨臭，吸湿性强，易溶于水，呈碱性反应。碳铵是一种不稳定的化合物，在常温下也很易分解释放出 NH_3，造成氮素的挥发损失，故农民又称碳铵为"气肥"。影响碳铵分解的主要因素是温度和湿度，碳铵应避免在高温下储存和施用。

碳铵属生理中性肥料，长期施用不影响土质，是最安全的氮肥品种之一。碳铵适应于各种土壤和作物，可用于膜下滴灌施用，也可用作基肥。碳铵的肥效与施用方法有关，以深施用作基肥的肥效较高。

④ 液氨。液氨，含氮82％，是含氮量最高的氮肥品种。目前美国施用液氨量占农用氮的40％左右。我国液氨施用面积较小，主要在新疆生产建设兵团等的大型农场应用。液氨的施用一般采用特定的施肥机械，将液氨注入12～18 cm深的土层后立即覆土，以免挥发损失。液氨在土壤中移动性小，肥效较长，适合膜下滴灌施用。

（2）氮肥的合理施用　氮肥施入农田后的去向可以分为三部分：被作物吸收，即氮肥的当季利用；残留在土壤中；通过不同机制和途径损失。氮肥的当季利用率是衡量氮肥增产效果的主要指标。目前我国农业生产中氮肥利用率较低，仅为25％～40％，损失严重。

科学合理地施用氮肥，是提高其利用率的主要技术措施。

① 调控氮肥施用量。一般随氮肥施用量增加，作物产量逐步增高。但是，随施用量的增加，氮肥的利用率和增产效果都趋于降低，而氮肥损失及环境污染则趋于增加。因此，确定氮肥的适宜施用量可以协调高产与保护环境之间的关系。

为提高氮肥肥效，生产中确定施氮量应考虑以下原则：低肥力和低产地区可适当提高施氮量，以充分发挥氮肥的增产效果；高肥力和高产地区则宜以经济效益最佳的施氮量作为指导施肥的依据，避免过多施用氮肥带来的负面效应；确定适宜的施氮量不仅要考虑当季作物的产量效应，还应考虑提高土壤供氮能力。

② 水肥综合管理技术。通过适宜的水肥综合管理技术，以达作物正常生长，提高氮肥利用率的目的。

③ 氮肥与其他肥料配合施用。作物正常生长发育要求氮、磷、钾等多种养分元素协调供应，氮肥只有与磷、钾等肥料配合才能充分发挥其增产效果。我国多数土壤肥力较低，有机质含量较少，氮、磷的缺乏比较普遍。因此，氮肥与有机肥配合，以及氮肥与磷肥、钾肥配合是主要的氮肥配施途径。

2. 磷肥 磷是作物生长发育不可缺少的营养元素之一，施用磷肥是加工番茄获得高产的重要措施。有研究表明，施用适量的磷肥可以显著增强加工番茄根系活力。而加工番茄缺磷则会导致植株生长迟缓代谢失调。初期茎细小，严重时叶片僵硬，并向后卷曲；叶正面呈蓝绿色，背面和叶脉呈紫色。老叶逐渐变黄，并产生不规则紫褐色枯斑。幼苗缺磷时，下部叶变绿紫色，并逐渐向上部叶扩展，番茄缺磷果实小、成熟晚、产量低。在番茄生产管理过程中一定要注意及时补充磷肥。

土壤对磷肥具有吸持和化学沉淀作用，滴施的磷肥进入土壤后容易被固定，在土壤中移动性较弱，磷肥是很多作物都需要的一种肥料，缺少了磷肥则会严重影响到作物生长，如果在作物生长期给予足够的磷肥，可以保证强壮抗病能力强。要选择正确类型的磷肥，且还要采用合适的施用方法才能发挥磷肥的肥效。磷肥类型的选择应该以土地的酸碱性为基本依据。在缺磷的酸性土壤上宜选用钙镁磷肥、钢渣磷肥等含石灰质的磷肥，缺磷十分严重时，生育初期可适当配施过磷酸钙；在中性和石灰性土壤上宜选用过磷酸钙。在酸性土壤上应配施有机肥料和石灰，以减少土地对磷的固定，促进微生物的活动和磷的转化与释放，提高土壤中磷的有效性。

（1）磷肥种类介绍

① 磷酸一铵。磷酸一铵又称磷酸铵，目前我国应用普遍，是

一种以磷为主的高浓度速效氮磷复合肥。含有有效五氧化二磷60%左右，含氮量12%左右。外观为灰白色或淡黄颗粒。具有不易吸湿和不易结块的特性，适用于各种作物和各类土壤，特别是碱性土壤和缺磷较严重的地方，增产效果十分明显。

② 磷酸二铵。磷酸二铵又称磷酸氢二铵，是含氮、磷两种营养成分的复合肥，含五氧化二磷53.75%，含氮21.71%，是目前应用最广泛的磷肥产品。磷酸二铵为灰白色或深灰色颗粒，易溶于水，不溶于乙醇。

③ 过磷酸钙。过磷酸钙为灰白色粉末或颗粒，含五氧化二磷14%~20%，硫酸钙40%~50%，此外还有游离硫酸和磷酸等。在膜下滴灌加工番茄种植中一般用作基肥。

④ 磷酸二氢钾。磷酸二氢钾是由适当比例的磷酸一铵和碳酸钾发生中和反应生成的产品。含有磷和钾两种元素，用来供植物生长发育，主要用于膜下滴灌加工番茄中后期叶面喷施。

（2）磷肥的合理施用　植物生长期都可以吸收磷，以生长早期吸收快，施用磷肥效果明显，所以强调及早、及时施用磷肥。由于磷元素易在土壤中积累，在高磷水平下，会出现磷元素过剩的情况，但磷肥不是越多越好。土壤有机质含量高能提升磷肥利用率，降低对磷的固定作用。同时应强调磷肥与其他营养元素配合施用，促进营养平衡。膜下滴灌加工番茄磷肥滴施过程中，一般选取水溶性好、沉淀少、不易堵塞腐蚀毛管的磷肥，如工业级或食品级磷酸一铵、磷酸二铵、磷酸二氢钾等，一般不选取过磷酸钙等溶解时产生其他反应且不溶性成分很高的磷肥。

3. 钾肥　钾是植物营养的三要素之一，影响碳水化合物的合成和运输；影响到核酸和蛋白质的合成；对光合作用与呼吸作用可产生较大的影响。

钾在加工番茄的细胞生长及生理代谢中发挥着重要作用。能增强加工番茄植株的生长势，增强抗逆性，延迟早衰；能明显促进加工番茄根系的生长；同时，维持细胞内 K^+ 浓度，可提高加工番茄对盐和干旱的抵抗能力，增强植株抗旱性和水分利用率，从而在缺水条件下保证加工番茄的产量。钾元素对加工番茄有"品质元素"之称。加工番茄对钾素营养比其他作物敏感。钾在改善加工番茄产品品质，促进早熟等方面有显著作用。钾肥能减轻加工番茄裂果和畸形果的发生，提高加工番茄果实的番茄红素的含量，增强果色的光泽度。增施钾肥可以增加加工番茄鲜果维生素 C 和可溶性糖的含量，降低酸含量，提升口感。

加工番茄生长期缺钾和土壤含钾量不足是有效补充钾肥的关键。因加工番茄各个生长期的不同，对钾肥的需求量也有差异。苗期需钾量少，开花坐果期、果实膨大期对需钾量多，生长后期需钾量相对减少。番茄补钾应遵循"轻施苗肥、稳施花肥、重施果肥"的原则。根据钾肥速效性的不同选择施用：①番茄生长期缺钾时一般施用速效性钾肥，每 667 m² 施用 60% 的氯化钾 25 kg，撒施、穴施或沟施。②壮苗或紧急追肥时，用磷酸二氢钾 1 000 倍液，叶面喷施或浇灌。③缓效钾宜作为基肥施入，每 667 m² 用 40 kg 硫酸钾，混合于有机肥中在耕种前施入。同时应注意配合施用氮肥、磷肥、钙肥、生物有机肥，以平衡地力，使施钾效果达到最佳。

（1）钾肥种类介绍　钾在土壤中的化学行为要比磷酸盐简单得多。通过膜下滴灌系统施用钾肥有效性高，钾的利用率高达 90% 以上。钾在土壤中的移动性好，可以随灌溉水的移动到达根系密集区域。

① 磷酸二氢钾。市场上最好的磷钾肥之一，具有含量高、纯度大、全水溶、见效快、适用范围广、安全系数高等特点，广泛适用于大田作物、经济作物、果蔬类等各种作物的不同生育期，既能用作基肥、追肥，又能冲施、灌施、喷施，还能用来浸种、拌种。

② 硫酸钾。肥性酸性，具有价格低、含钾含硫不含氯（含 50% 钾、18% 硫）的特点，适合大部分土壤，用作基肥和追肥时施用，在洋葱、韭菜、大蒜等需硫、钾较多的作物上使用比较普遍，常适用于忌氯喜钾的作物上。长期施用或者在钙含量较多的土壤上使用硫酸钾，容易造成土壤板结酸化。

③ 硝酸钾。肥性中性，属于无氯含钾含氮性钾肥（含46%钾、13.5%硝态氮），具有价格中等、含钾量高、速溶性强、见效快的特点。既能补钾还能补氮，比较适合用作追肥，而且长期使用不容易使土壤酸化，在烟草、瓜果、蔬菜等经济作物上使用比较多；因其含硝态氮，在水田使用会造成肥料流失，作物用肥过多，容易导致因氮肥过量而推迟作物成熟期。在作物需氮量大的生育期，可以使用硝酸钾；另外在作物正常生长期和果实膨大期可以使用硝酸钾，但开花结果期特别是果实上色期，最好使用磷酸二氢钾。

④ 腐殖酸钾。肥性碱性，是缓效性有机固态钾肥的一种，因为含有生物活性强的腐殖酸，所以具有十分强的吸附、络合、螯合性，可以促进作物对钾更加有效地吸收利用，对于活化土壤、促进作物长势和抗性等都具有较好的效果，尤其对于复合性的腐殖酸钾，还能为作物提供氮、磷、钾、有机质和中微量元素等多种营养成分，能够广泛适用于各种作物的基肥、追肥和叶面喷肥。

（2）钾肥的合理施用

① 根据土壤的地质情况、含钾量多少和不同作物的特性，选择最适用的钾肥种类。另外，土壤中速效钾含量直接决定着钾肥使用效果，每1 kg土壤中速效钾含量低于40 mg的地块，为严重缺钾地块，平均每667 m² 增施钾肥15～20 kg进行补钾；速效钾含量低于80 mg/kg的地块补钾增产效果明显；速效钾含量在80～120 mg/kg的地块可以不用补钾。

② 注意肥料间的互相影响作用，进行科学有效的适量补钾。充足的钾肥能促进氮肥的吸收，还能提高作物的抗寒、抗倒伏、抗病害能力；增施硼肥能够促进对钾的吸收，而钙、镁、锌过多则会抑制对钾的吸收，同时钾肥过多会降低作物对钙的吸收效果。

③ 大部分钾肥一般用作基肥和前期追肥，基肥和追肥配合施用效果最好；施用钾肥时，以深施到湿土层效果最好，这样钾离子不容易被土壤固定；在天气和土壤比较干旱的情况下补钾肥，最好叶面喷施磷酸二氢钾。

二、中微量元素肥料

1. 铁　铁是番茄某些酶和电子传递蛋白的组成成分，还参与叶绿体蛋白和叶绿素的合成。另外，铁在生物固氮中也起到了重要作用，因为铁是固氮酶中铁蛋白和钼铁蛋白的组成成分。因此铁在叶绿素的合成、光合作用、呼吸作用等几个过程中发挥重要作用。番茄缺铁时，全叶褪绿，然后发白，如果铁的供应突然中断，新出叶褪绿。

2. 钙　钙是植物细胞壁的重要组成成分；一些重要的酶需要钙来活化，如淀粉酶、ATP 酶等。施用钙肥除补充钙养分外，还可借助含钙物质调节土壤酸度和改善土壤物理性状。常把主要起调理作用的含钙物质如石灰、白云石粉等，称作土壤调理剂或改良剂。缺钙初期，心叶边缘发黄皱缩，严重时心叶枯死，植株中部叶片形成大块黑褐色的斑块，其后全株叶片翻卷，并失去绿色，呈现淡黄色；缺钙到一定程度，植株茎秆变扁、中间位置开始下陷，中期症状为有深陷的缝隙，然后缝隙变穿孔。

3. 镁

① 形成叶绿素。镁是组成叶绿素分子唯一的矿质元素，缺镁会导致叶绿体结构被破坏，叶绿素浓度降低，严重时，幼叶失绿，影响植物生长发育。

② 酶的活化剂。植物体中参与光合作用、糖酵解、三羧酸循环、呼吸作用、硫酸盐还原等过程的许多酶类，都要依靠镁的激活，供应适量含镁肥料，能促进植物体的新陈代谢和生长发育。

③ 促进氮素代谢。镁能活化谷氨酰胺合成酶、DNA 合成酶等酶类，有利于氨的同化和蛋白质的合成。在由氨基酸合成蛋白质的过程中，各顺序反应均需镁参与。植物缺镁时，蛋白质氮减少，非蛋白质氮增加。

镁肥的效应与土壤镁供应水平，特别与有效镁含量密切相关。一般认为，当土壤交换性镁含量超过 $30\sim40$ mg/kg，施用镁肥无增产效果，当土壤交换性镁低于 15 mg/kg 时，施用镁肥有极显著的增产效果。但高浓度的 K^+、Ca^{2+} 及 NH_4^+ 会抑制植物对镁的吸收，大量施用钾肥、石灰（不含镁）、铵态氮肥会诱发或加重植物缺镁。因此，应注意含镁肥料的配合施用，使有效钾与有效镁的比值一般维持在（2～3）：1。

4. 锌　施用适量的锌不仅能提高产量，而且可以改善果实的品质，尤其可以明显地增加果实的含锌量，可作为人类食物中有效锌的来源。

5. 硼　硼是植物必需的营养元素之一，以硼酸分子（H_3BO_3）的形态被植物吸收利用，在植物体内不易移动。硼能促进根系生长，对光合作用的产物——碳水化合物的合成与转运有重要作用，对受精过程的正常进行有特殊作用。

6. 锰　锰对作物生长起重要的作用，植物主要吸收锰离子。锰是细胞中许多酶（如脱氢酶、脱羧酶、激酶、氧化酶和过氧化物酶）的活化剂，尤其影响糖酵解和三羧酸循环。锰使光合作用中的水裂解为氧。缺锰时，叶脉间缺绿，伴随小坏死点的产生。缺绿会在嫩叶或老叶中出现，依植物种类和生长速率决定。锰是植物必需的六大类微量元素之一，茄果类对缺锰较敏感，番茄缺锰严重时，叶绿素合成受阻，不能开花、结实。施用适量的锰不仅能提高产量，而且可以改善果实的品质。

第五章 膜下滴灌加工番茄病虫草害综合防治

第一节 病害种类及防治

加工番茄在各个不同的生育阶段对温度、光照、水分、营养等环境条件都有一定的要求，如果环境条件不相适应，加工番茄的生长发育就会受到影响，出现各种异常状态，如生长停滞、叶片皱缩、畸形花、畸形果等，从而降低加工番茄的产量和商品品质，加工番茄的栽培全部采用无支架栽培，植株匍匐于垄背或平地上，生育中后期枝叶较郁蔽，通风、透光程度降低，加上后期灌水多，气温高，土壤湿度大，有利于病害的发生。在各个番茄主产区，每年发生的主要病害种类和危害程度也不尽相同，但细菌性斑疹病、早疫病、晚疫病、病毒病、疫霉根腐病等病害已成为威胁各地加工番茄生产的主要病害。

一、真菌性病害及防治

1. 猝倒病、立枯病和茎基腐病

病原：疫霉属、瓜果腐霉属真菌及立枯丝核菌等。

症状：受侵染的幼苗不能正常出苗或出苗后倒伏，并在不久后死亡。茎基部、根部通常呈现暗斑、缢缩。猝倒病常发生在排水不良或土壤紧实的地方，尤其是早春播种后降水多、温度低、土壤黏重的地方。茎基腐病主要危害大苗或定植后番茄的茎基部或主侧根，病部初呈暗褐色，后绕茎基或根茎扩展，致皮层腐烂，地上部叶片变黄，果实膨大后因养分供应不足而逐渐萎蔫枯死。

传播途径和发病条件：疫霉属、瓜果腐霉属病菌以卵孢子随病株残体在土壤中越冬。条件适宜时，卵孢子萌发，产生芽管，直接侵入幼芽，或芽管顶端膨大后形成孢子囊，以游动孢子借雨水或灌溉水传播到幼苗上，从茎基部侵入，潜育期 1～2 d。立枯丝核菌以菌丝体或菌核在病残体上越冬。翌春条件适宜，菌核萌发，产出菌丝侵染幼苗。致番茄大苗或结果初期植株发病。引起猝倒病的真菌存在于所有土壤中，并当土壤潮湿、气温合适时侵染番茄。虽然疫霉菌和立枯丝核菌也能在更暖和的土壤中侵染番茄，但在土壤温度冷凉的条件下侵染发生最普遍。一旦番茄幼苗达到 2～3 片真叶，番茄幼苗就不再容易被腐霉菌或立枯菌侵染；然而疫霉菌能在番茄植株的任一生长阶段进行侵染。育苗温室内，如果洒水多，通风不良，在育苗后期很容易产生茎基腐病。

防治方法：①在早春冷凉、降水多的地方，考虑延迟播种或采用育苗移栽方式；②使用杀真菌剂进行种子处理，如用相关的药剂包衣；③穴盘育苗中后期，增大通风量和相应减少灌溉量，防止茎基腐病的发生。不将有茎基腐病的秧苗栽植到大田中；④高畦栽培相对于平畦，发病程度能低一些。

2. 早疫病

病原：茄链格孢菌，属半知菌亚门真菌。

症状：苗期、成株期均可染病，主要侵害叶、茎、花、果。叶片初呈针尖大的黑点，后不断扩展为直径 6～12 mm 的轮纹斑，边缘多具浅绿色或黄色晕环，中部现同心轮纹，且轮纹表面生毛刺状不平坦物，别于圆纹病。茎部染病，多在分枝处产生褐色至深褐色不规则圆形或椭圆形病斑，凹或不凹，表面生灰黑色霉状物，即分生孢子梗和分生孢子。叶柄受害，生椭圆形病斑，深褐色或黑色，一般不将茎包住；青果染病，始于花萼附近，初为椭圆形或不定形褐色或黑色斑，凹陷，直径 10～20 mm。后期果实上的病斑凹陷、成革状，密生黑色霉层，且也可能会有同心轮纹，它们常出现在果实的花萼端附近。发病时常从下部老叶开始，逐渐向上蔓延，严重时，下部叶片全部枯死。

传播途径和发病条件：以菌丝或分生孢子在土壤中番茄、马铃薯和龙葵属杂草的病株残体或种子上越冬存活。可从气孔、皮孔或表皮直接侵入，形成初侵染。经 2～3 d 潜育后现出病斑，3～4 d 产出分生孢子，并通过气流、雨水飞溅进行传播。孢子的萌发和侵染需要充足的水分条件和适合的温度条件。当番茄进入旺盛生长及果实迅速膨大期，基部叶片开始衰老，这时遇有较大的降水和持续温和的气候（如平均气温 21 ℃左右）、相对湿度大于 70％时数大于 49 h，该病即开始发生和流行。在干燥、炎热的气候条件下病害停止发展。

防治方法：①种植耐病和抗病品种。②发生过早疫病的农田与非茄科作物实行轮作倒茬。③提高整地质量，避免田间低洼积水。合理施肥，仔细灌溉。铲除田间和地边野生茄科类杂草。④合理密植。⑤加强田间监测，及时、科学用药。每 667 m² 用 75％百菌清可湿性粉剂 100～120 g/次，按推荐的稀释倍数配药；或每 667 m² 用 80％代森锰锌可湿性粉剂 120～150 g/次，按推荐的稀释倍数配药，整个季节每 667 m² 用量不超过 480 g 有效含量，采收前安全间隔期 5 d；或在植株 10～15 cm 高时开始施用枯草芽孢杆菌用于预防，按产品说明兑水稀释、喷雾。整个生育期 4～6 次，间隔 5～7 d，可与杀虫剂和杀真菌剂桶混配制，但不宜与杀细菌剂混用。

3. 晚疫病

病原：致病疫霉菌，属鞭毛菌亚门真菌。

症状：幼苗、叶、茎和果实均可受害，以叶和青果受害重。幼苗染病，病斑由叶片向主茎蔓延，使茎变细并呈黑褐色，致全株萎蔫或折倒，湿度大时病部表面生白霉。叶片染病，多从植株下部叶尖或叶缘开始发病起初呈现小的水渍状区域，它会快速扩大成紫褐色油浸状病斑。茎上病斑呈黑褐色腐败状，引致植株萎蔫；果实染病主要发生在青果上，病斑初呈油浸状暗绿色，后变成暗褐色至棕褐色，稍凹陷，边缘明显，云纹不规则，如果不受到腐化生物的二次侵染的话，果实一般不变软，湿度大时其上长少量白霉，迅速腐烂。

传播途径和发病条件：致病疫霉主要在马铃薯、番茄、多毛龙葵病株残体及土壤中越冬。借气流或雨水传播。当湿度条件伴随着温和的温度持续较长时间，晚疫病就会发生。当相对湿度在90％以上并且平均温度在15～25 ℃时，病原菌会在10 h内侵染植株。如果环境条件有利于病害的发展，病情会迅速蔓延并且造成严重损失。

防治方法：①晚疫病常发生的种植区，考虑种植耐病和抗病品种。②育苗移栽前检查移栽秧苗，确保其不带晚疫病菌。③提高整地质量，避免田间低洼积水。合理施肥，仔细灌溉。剔除田间和地边野生的番茄、马铃薯及龙葵类杂草。④合理密植。⑤发生过晚疫病的农田与非茄科作物实行轮作倒茬。⑥生育中后期出现持续降水，气温冷凉时，要加强田间监测，及时、科学用药。用50％安克（烯酰吗啉）可湿性粉剂每667 m² 30～40 g/次，按推荐的稀释倍数配药，采收安全间隔期4 d；或50％克露（霜脲氰/恶唑酮菌）可湿性粉剂每667 m² 40～50 g/次，按推荐的稀释倍数配药，采收安全间隔期3 d；或25％嘧菌酯悬浮剂每667 m² 30毫升/次，按推荐的稀释倍数，间隔5～7 d应用1次，与杀菌机理不同的杀真菌剂交替使用；或75％百菌清可湿性粉剂每667 m² 140～180 g/次，按推荐的稀释倍数配药；或80％代森锰锌可湿性粉剂每667 m² 130～150 g/次，按推荐的稀释倍数配药，整个季节每667 m²用量不超过480 g有效含量，采收前安全间隔期5 d。

4. 叶霉病

病原：黄枝孢菌，均属半知菌亚门真菌。

症状：番茄叶霉病主要危害叶片，严重时也危害茎、花和果实。叶片染病，叶面出现不规则形或椭圆形淡黄色褪绿斑，叶背病部初生白色霉层，后霉层变为灰褐色或黑褐色绒状，即病菌分生孢子梗和分生孢子。条件适宜时，病斑正面也可长出黑霉，随病情扩展，叶片由下向上逐渐卷曲，植株呈黄褐色干枯。果实染病，果蒂附近或果面形成黑色圆形或不规则形斑块，硬化凹陷，不能食用。嫩茎或果柄染病，症状与叶片类似。

传播途径和发病条件：以菌丝体和菌丝块在病株残体上或以分生孢子附着在种子上或以菌丝潜伏在种皮内越冬。翌年如遇适宜条件，产生分生孢子，借气流传播，病菌从幼苗或成株叶片、萼片、花梗等部位进入，进入子房，潜伏在种皮内，如播种带病种子，幼苗即染病。病部产生分生孢子，借气流传播，叶面有水湿条件即萌发，长出芽管经气孔侵入，菌丝蔓延于细胞间，并产生吸器伸入细胞内吸收水分和养分，后在病斑上又产生出分生孢子进行再侵染。气温 22～28 ℃、相对湿度高于 90％时，利于病菌繁殖，发病重。该病从开始发病到流行成灾，一般需半个月左右。相对湿度低于80％，不利于分生孢子形成及病菌侵染和病斑扩展。33～36 ℃的较高温度，对病菌有明显抑制作用。

防治方法：①如果叶霉病经常发生，优先考虑使用抗病品种，不过，叶霉病病原菌的生理小种很多并且分化的很快。②提高整地质量，避免田间低洼积水。合理密植。合理施肥，仔细灌溉，避免枝叶过度郁蔽，提供良好的通风。③发生过叶霉病的农田与非茄科作物实行轮作倒茬。④清除和销毁受侵染的作物残体。⑤生育中后期出现持续降水，气温温和时，加强田间监测，科学用药。75％百菌清可湿性粉剂每 667 m² 140～180 g/次，按推荐的稀释倍数配药；或 80％代森锰锌可湿性粉剂每 667 m² 130～150 g/次，按推荐的稀释倍数配药，整个季节每 667 m² 用量不超过 480 g 有效含量，采收前安全间隔期 5 d；或 25％嘧菌酯悬浮剂：每 667 m² 30 毫升/次，按推荐的稀释倍数，间隔 5～7 d 应用 1 次；与杀菌机理不同的杀真菌剂交替使用。

5. 疫霉根腐病

病原：常见有寄生疫霉菌、辣椒疫霉菌、茄疫霉菌 3 种，均属鞭毛菌亚门真菌。

症状：疫霉根腐病感病植株最显著的症状就是所有根系都有棕色的病斑。病斑以上的根木质部变成棕色。发病初于茎基部产生淡黄色或褐斑，逐渐扩大后凹陷，在严重的情况下，几乎所有的根都被病斑环绕或腐烂。地上部分，病株在炎热的天气下生长缓慢并逐渐死亡。纵剖茎基或根部，导管变为深褐色。主要危害未成熟的果实。当与地面接触果实被侵染时，首先在近果顶或果肩部现出表面光滑的淡褐色斑，后逐渐形成深褐色同心轮纹状斑，皮下果肉也变褐。

传播途径和发病条件：以卵孢子或厚垣孢子随病株残体在土壤中越冬。病菌萌发后产出芽管，从果皮侵入发病，后病部菌丝产生孢子囊及游动孢子，通过雨水及灌溉水进行传播再侵染。秋末形成卵孢子或厚垣孢子越冬。高温高湿或地温低利于发病。发育最适温度 30 ℃。相对湿度高于 95％，菌丝发育良好。寄生疫霉菌和辣椒疫霉菌在新疆的大多数地块都有发生。染病植株在土壤中存在自由水的任何生长阶段都会发病。在排水不良、土壤紧实或过量灌溉的农田中发病尤其严重。

防治方法：①避免选择土壤过分紧密、排水、透气不好的农田。增施有机肥，改善土壤结构。②提高整地质量，高畦栽培，仔细灌溉，避免田间低洼积水。③发生过疫霉根腐病的农田与非茄科作物实行轮作倒茬。④清除和销毁受侵染的作物残体。⑤发病初期，通过中耕给地膜上覆土，降低膜下土壤温度。

6. 茎枯病

病原：细交链孢菌，属半知菌亚门真菌。

症状：茎枯病又称黑霉病，主要危害茎和果实，亦可危害叶和叶柄，茎部出现伤口易染病，病斑初呈椭圆形、褐色凹陷溃疡状，后沿茎向上下扩展到整株，严重的病部变为深褐色干腐状并可侵入到维管束中。果实染病，侵染绿果或红果，初为灰白色小斑点，后随病斑扩大后凹陷，病斑颜色变深变暗，在温暖、湿润的天气状况下，真菌会生成孢子，在凹陷病斑的表面形成一个黑色的、似绒毛的孢子层。病部可以扩大到心室壁，并经常侵入到心室。该菌产生的交链孢酸转移到植株上部，杀死叶脉两侧的叶组织或叶面布满不规则褐斑，病斑继续扩展，致叶缘卷曲，最后叶片干枯或整株枯死。

传播途径和发病条件：病菌随病株残体在土壤中越冬，翌年产生分生孢子，借风、雨传播蔓延。茎枯病是大田降水或结露后发生在成熟番茄果实上的病害。在晚熟加工番茄中较常见。潮湿状况下，霉菌的孢子需要 3～5 h 萌发。萌发后它们通过直接侵入果实上任何伤口部位，包括果实日灼部位感染果实。在一段时间的降水和高湿后，成熟果实会在 4～5 d 时间内被严重损害。

防治方法：①选育耐病品种；②多雨的年份，果实成熟后及时采收；③生长后期减少灌溉量；④在多雨的年份，对晚期原料的农田，进行 1～2 次的保护性的防治；用 75% 百菌清可湿性粉剂每667 m² 180～250 g/次，按推荐的稀释倍数配药；80% 代森锰锌可湿性粉剂每 667 m² 130～150 g/次，按推荐的稀释倍数配药，整个季节每 667 m² 用量不超过 480 g 有效含量，采收前安全间隔期 5 d；或 20% 百克敏乳剂（唑菌胺酯）每 667 m² 38～57 g/次，按推荐的稀释倍数，喷药不超过 2 次，间隔期 7～14 d，如果病害发生严重或气候有利于病害发生，可增加剂量，缩短间隔期，采收前安全间隔期 12 d。

7. 白粉病

病原：鞑靼内丝白粉菌，属子囊菌亚门真菌。

症状：白粉病危害番茄叶片。初在叶面现褪绿色小点，扩大后呈不规则粉斑，上生白色絮状物，即菌丝和分生孢子梗及分生孢子。初霉层较稀疏，渐稠密后呈毡状，病斑扩大连片或覆满整个叶面。有的病斑发生于叶背，则病部正面现黄绿色边缘不明显的斑块，危害严重时使叶片死亡，导致果实日灼并使植株变弱。

传播途径和发病条件：以闭囊壳随病残体于地面上越冬，条件适宜时，闭囊壳内散出的子囊孢子，随气流传播蔓延，以后又在病部产生出分生孢子，成熟的分生孢子脱落后通过气流进行再侵染。番茄鞑靼内丝白粉菌萌发适温为 15～30 ℃。病害常在生长后期发生。温和气温和较高相对湿度利于发病。在新疆，白粉病发生较少。在甘肃张掖等番茄种植区，每年都有程度不同的发生。

防治方法：白粉病病征明显，并且气候条件有利于病害发生时，施用：20% 百克敏乳剂（唑菌胺酯）每 667 m² 38～57 g/次，按推荐的稀释倍数配药，喷药不超过 2 次，间隔期 7～14 d，如果病害发生严重或气候有利于病害发生，可以增加剂量，缩短间隔期，生育期用量不得超过每 667 m² 450 g 商品剂型；或 40％灭克落水溶性粉剂（腈菌唑）每 667 m² 12～20 g/次，按推荐的稀释倍数配药。或肟菌酯按推荐用量和稀释倍数配药，采收前安全间隔期 3 d；或 50％硫黄悬浮剂按推荐用量和稀释倍数配药。

二、细菌性病害及防治

1. 细菌性斑疹病

病原：丁香假单胞番茄叶斑致病型，或称疱病黄单胞杆菌。

症状：主要危害番茄叶、茎、花、叶柄和果实，尤以叶缘及未成熟果实最明显。叶片染病，产生深褐色至黑色斑点，直径 0.3～0.6 mm，病斑四周常具黄色晕圈。叶部病斑通常在边缘比较密集，引起大面积的边缘坏死（组织死亡）。叶柄和茎染病，产生黑色病斑。未成熟果实染病，起初出现隆起小斑点，大小从很小的斑点到直径 3 mm 不等，在成熟的果实上引起黑色突起病斑。病斑只在果实表面。

传播途径和发病条件：病菌在种子上，病株残体及土壤里越冬。播种带菌种子，幼苗可以染病。病苗定植后开始传入大田，并通过雨水飞溅进行传播或再侵染。潮湿、冷凉的气候条件或低温多雨有利发病。在炎热的天气下（如 32 ℃），病害停止蔓延。在病害发生严重的情况下，感病株的生长发育受到较大影响，造成产量下降。

防治方法：①种植耐病和抗病品种；②使用无病菌污染的种子，或使用前对种子进行消毒处理；③采用育苗移栽可以减轻细菌性斑疹病的危害，移栽前检查秧苗，确保其不带病菌；④发生过细菌性斑疹病的农田与谷类作物实行 3 年以上轮作倒茬；气候条件有利于病害发生时，每 667 m² 用 50％氢氧化铜 150 g/次，按推荐的稀释倍数配药，用于预防性喷洒；发病初期，每 667 m² 用 50％氢氧化铜 120～150 g，每 667 m² 用 80％代森锰锌可湿性粉剂 150 g/

次，各按推荐的稀释倍数配药并混合，需要时间隔 7～10 d 再应用 1 次；或 12%绿乳铜乳油，按推荐的剂量和稀释倍数配药，严重时间隔 7～10 d 再应用 1 次。

2. 疮痂病

病原：野油菜黄单胞菌辣椒斑点病致病型，或称疤病黄单胞杆菌。

症状：番茄叶、茎、果均可染疮痂病。幼苗和成株均可感染番茄疮痂病。在幼苗上，侵染能引起严重落叶。在成株上，侵染主要发生在老叶上并呈现水渍状区域。叶部病斑从黄色或浅绿色逐渐变黑色或深棕色。后期的病斑呈黑色，稍隆起，四周具黄色环形晕环，内部较薄，具油脂状光泽。叶片的边缘可能会出现更大的病斑。茎部染病呈现水浸状暗绿色至黄褐色不规则病斑，病部稍隆起，裂开后呈疮痂状。果实染病主要危害幼果和青果，初生圆形四周具较窄隆起的白色小点，后中间凹陷呈暗褐色或黑褐色隆起环斑，在果皮表面，直径可达 7.5 mm，呈疮痂状。

传播途径和发病条件：病原细菌主要随病株残体及杂草寄等在地表或附在种子表面越冬。翌春条件适宜，病菌通过风雨或昆虫传播到番茄叶、茎或果实上，从伤口或气孔侵入，在细胞间繁殖。与此同时，受害细胞被分解，致病部凹陷。侵染叶片潜育期 3～6 d。侵染果实 5～6 d。高温、高湿、阴雨天气是发病的重要条件，钻蛀性害虫及暴风雨造成伤口，管理粗放，植株衰弱发病重。在气温 20 ℃及以上时病害发展迅速。不论白天气温如何，只要夜温达到 16 ℃或以下时就能抑制病害发展。

防治方法：①种植耐病和抗病品种；②使用无病菌污染的种子，或使用前对种子进行消毒处理；③采用育苗移栽可以减轻细菌性斑疹病的危害，移栽前检查秧苗，确保其不带病菌；④农药使用参照细菌性斑疹病。

3. 病毒病

病原：引起番茄病毒病的毒源有 20 多种，主要有烟草花叶病毒、黄瓜花叶病毒、烟草卷叶病毒、苜蓿花叶病毒等。

症状：花叶型，叶片上出现黄绿相间，或深浅相间斑驳，叶脉透明，叶略有皱缩的不正常现象，病株较健株略矮；蕨叶型，植株不同程度矮化，由上部叶片开始全部或部分变成线状，中、下部叶片微卷，花冠加长增大，形成巨花；条斑型，可发生在叶、茎、果上，病斑形状因发生部位不同而异，在叶片上为茶褐色的斑点或云纹，在茎蔓上为黑褐色斑块，变色部分仅处在表层组织，不深入茎、果内部，这种类型的症状往往是由烟草花叶病毒及黄瓜病毒或其他1～2种病毒复合侵染引起，在高温与强光照下易发生；巨芽型，顶部及叶腋长出的芽大量分枝或叶片呈线状、色淡，致芽变大且畸形，病株多不能结果，或呈圆锥形，整个植株萎缩，有时丛生，染病早的，多不能开花结果；黄顶型，病株顶叶叶色褪绿或黄化，叶片变小，叶面皱缩，中部稍突起，边缘多向下或向上卷起，病株矮化，不定枝丛生。

传播途径和发病条件：番茄花叶病毒在多种植物上越冬，种子也带毒。主要通过汁液接触传染，只要寄主有伤口，即可侵入。此外土壤中的病株残体、烟丝均可成为该病的初侵染源。黄瓜花叶病毒主要由蚜虫传染，汁液也可传染，冬季病毒多在宿根杂草上越冬，春季蚜虫迁飞传毒，引致番茄发病。番茄病毒病的发生与环境条件关系密切，高温干旱的条件下及蚜虫活动频繁则易于发病，邻近马铃薯、棉花和黄瓜地块的发病重。此外，施用过量的氮肥、土壤瘠薄、板结、土壤黏重以及排水不良发病重。番茄病毒病种类在一年里往往有周期性的变化，因此生产上防治时应针对病原，采取相应的措施。避免田间各项农事操作接触传播病毒。

防治方法：①对当地病毒病主要毒源，选用抗、耐病毒病品种；②使用无病毒种子；③发生过严重病毒病的农田实行与非寄主作物5年以上的轮作；④在进行田间管理操作时，接触过病株的手，要用肥皂水洗擦，工具浸于10%福尔马林中消毒后再用；⑤及时进行虫害、杂草的防治；⑥病毒病发生次数多的地区，可通过早播或采用育苗栽方式，减轻病毒病发生程度。

三、生理性病害及防治

1. 加工番茄脐腐病

症状：只发生在果实上。初在幼果脐部出现水浸状斑，后逐渐扩大，至果实顶部凹陷，变褐，通常直径1～2 cm，严重时扩展到小半个果实；后期遇湿度大时，腐生霉菌寄生其上现黑色霉状物。病果提早变红且多发生在第1、第2穗果上，同一花序上的果实几乎同时发病，失去商品价值。

病因：生育期间水分供应不均或土壤排水不良，尤其干旱时，水分供应失常，番茄叶片蒸腾消耗所需的大量水分与果实进行争夺，或被叶片夺走，特别当果实内、果脐部的水分被叶片夺走时，由于果实突然大量失水，导致其生长发育受阻，形成脐腐。也有认为是番茄不能从土壤中吸收足够的钙素和硼素，致使脐部细胞生理紊乱，失去控制水分能力；或土壤偏施氮肥，使得钙素的吸收减少，果实不能及时得到钙的补充，如果实含钙量低于0.2%即引致发病。土壤盐碱含量大，也影响根系对钙素的吸收，使果实发病。此外，施入未腐熟有机肥或一次性施肥过多，引起烧根，从而影响植株水分的正常吸收，也易发病。

防治方法：①择土壤肥沃、排水良好、盐碱含量低的农田。盐碱含量高的农田可以通过撒施石膏增加土壤的有效钙素。②适量及时灌水，尤其结果初期—盛果期更应注意水分均衡供应。③叶面施肥，番茄开花坐果后1个月内是吸收钙的关键时期，可以根外追施钙肥2～3次。

2. 日灼病

症状：主要危害果实，多发生在果实膨大期，果实向阳面长时间受强光照射后，呈白色的革质状，并有凹陷，失去商品价值。

防治方法：①适时供应水肥，保持合理的枝叶量。②采用较宽的行距，让枝叶自由生长。将倒入沟内的枝叶、果实扶到垄上，最好在下午进行。

3. 加工番茄生理性卷叶

症状：番茄采收前或采收期，第1果枝叶片稍卷，或全株叶片呈筒状，变脆，致果实直接暴露于阳光下，影响果实膨大，或引致日灼。此病有时突然发生。

病因：主要与土壤、灌溉及管理有关。当气温高或田间缺水时，番茄关闭气孔，致叶片收拢或卷缩而出现生理性卷叶。

防治方法：①选用适应性好的品种。②定植后进行抗旱锻炼。③适时灌溉，确保土壤水分充足。

4. 加工番茄落花落果

症状：秧苗早春定植后遇到低温，或高温季节，植株落花、落果。有时第1穗花果可能全部脱落，第2穗花果大部分脱落。

病因：番茄在花芽分化过程中，由于遗传的原因或受不良环境条件的影响，细胞分裂不正常，花器发育不良，出现诸如花柱短小、花柱扭曲、无柱头、子房畸形和胚珠退化等花器生理缺陷，致花器不能正常授粉或受精；或有的花器虽发育完好并可授粉，但因细胞不亲和，致受精不能正常进行，内源激素含量低而造成落花落果。外界环境条件不良，如早春温度偏低，尤其花期夜温低于15℃，花粉管不伸长或伸长缓慢，难以正常授粉而落花。白天温度偏高，如白天高于34℃，夜间高于20℃，或白天40℃高温持续达6 h，则花柱伸长明显高于花药筒，致子房萎缩，或雌雄蕊正常生理受到干扰，授粉不正常而落花。遇干旱缺水或供肥不足，激素分泌减少，易形成离层而落花落果。

防治方法：①选用耐热性强的品种；②适期播种或定植；③加强水肥管理。

5. 加工番茄盐类障碍

症状：从植株生育初期可见叶色深绿，植株矮化；心叶卷翘；果肩部深绿，与果脐、果蒂部形成明显对照，严重的植株呈萎蔫状态，叶缘枯萎。

病因：土壤中氯化钠、碳酸钠含量高时，或施用的肥料过多和肥料难于淋溶时，可能发生盐类障碍。

防治方法：①减小农田规划面积，平整土地，修建畅通的排水渠系，通过灌水排盐等降低土壤含盐量；②犁地前撒施有机肥、初春深翻土地、早耙地；耙地前撒施土壤改良剂，如果土壤 pH 含量很高，犁地前撒施硫酸钙；③平衡施肥、适量施肥；④采用滴灌。

6. 加工番茄低温障碍

症状：幼苗遇低温，子叶上举向上反卷，叶缘受冻部位逐渐枯干或个别叶片萎蔫干枯；低温持续时间长，叶片暗绿无光，或顶芽生长点受冻，根系生长受阻或形成畸形花，造成低温落花或畸形果；果实不易着色成熟或着色浅影响品质，严重的茎叶干枯而死。

防治方法：①温室育苗遇到低温时，及时进行辅助加温。秧苗定植前进行低温锻炼。②适时播种或定植，选择晴天定植，以使根系恢复生长。③选用耐低温品种。

7. 由营养元素引起的生理病害 在加工番茄栽培过程中，常常出现许多营养缺乏症状或营养饥饿症状。因为番茄生长量大，经常是营养生长和生殖生长同时进行，容易产生缺素症；新品种的育成往往因高产而对营养物质具有更高的要求；由于不合理的耕作制度和施肥管理技术，使土壤理化性状变坏，也会导致某些营养元素缺乏症的出现，如大量施肥使土壤溶液浓度升高，从而阻碍钙的吸收，使加工番茄出现脐腐病，有时大量施肥，还往往出现氮素过剩症，当加工番茄植株缺素后还会造成植株免疫力下降。

营养缺乏及过剩的症状表现如下。

（1）缺氮 缺氮后嫩叶生长受抑制，植株细长，下位叶片变黄绿，严重缺氮时，整株淡绿色，嫩叶小且直立，主脉呈紫色，尤其是以底叶更甚。果实小，缺氮植株易感染灰霉病及疫病。缺氮前期根系发育比地上部好，后期根部停止生长，逐渐变褐而最后死亡，花芽停止分化，叶面积减小，碳水化合物的合成降低，不结实或结实量减少，从而导致减产。

（2）氮素过剩 造成植株生长抑制。叶片较正常叶短、较硬而且色深绿。叶片失去膨压，叶缘脱水并出现水渍状斑点，受害组织枯死而呈灰白色。

（3）缺磷　植株生长受抑制，茎瘦弱，但症状不明显，在严重缺磷的情况下，叶片小、紧凑并向下卷曲。上表面蓝绿色而下表面包括叶脉为紫色，一些老的叶片变黄和出现分散的褐紫色干斑并过早脱落。

（4）缺钾　老叶上的小叶黄化并且边缘卷缩，叶脉间失绿，细小的叶脉也不再是绿色。某些品种的失绿部位会出现小的边缘为褐色的枯斑。植株生长受阻，严重时失绿和坏死可发展到新叶。此后，严重黄化和卷缩的老叶脱落，果实成熟不整齐，缺钾植株易感染灰霉病。

（5）缺镁　老叶上的小叶边缘出现黄色并向叶脉间的组织扩展，细小叶脉也不保持绿色而黄化，逐渐从植株基部向顶部扩展。在鲜黄至橙黄色的叶组织上，常出现许多不凹陷的坏死斑，并可在叶脉间联合成带状。先期植株的性状和叶大小均正常，小叶也不卷缩。当缺镁进一步发展时，老叶死亡，全株变黄。各个品种之间及不同生长条件下的症状可以不同。在中度缺镁时，果实影响不大，只有在缺镁严重时，产量才下降。

（6）缺钙　先是幼叶上部呈绿色，而叶缘颜色是淡的。叶皆呈紫色，小叶极小，畸形，卷缩，叶尖及叶缘以后枯萎，萎缩的叶柄死亡。在这个阶段，老叶上的小叶叶脉间失绿，散生坏死斑。这些叶片很快死亡，果实发生脐腐。根系发育差，变褐色。

（7）缺硫　植株形态和叶片大小均正常。茎、叶脉、叶柄和小叶柄发紫而整叶表现黄色，老叶上的小叶叶尖和叶缘坏死，叶脉间出现小的紫色斑，幼叶发硬下卷，最后在这些叶片上出现大的不规则坏死斑。

（8）缺硼　最明显的症状是叶黄色至橙黄色，尤其是小叶下卷。严重缺硼时，嫩芽的生长受到抑制，以后则生长点枯萎致死；同时，幼叶的小叶叶脉间产生退绿斑，叶片小，向下卷曲，畸形，最小的嫩叶变褐色死亡。植株横向生长，不久，生长点死亡而停止生长。根系生长差并变成褐色，果实畸形，果皮上有褐色病斑，严重时龟裂。

（9）缺铁 枝条上部叶片退绿，叶脉处为绿色，因而出现清晰的网纹。以后失绿加重，并扩大到细小的叶脉，最终整个病叶变成淡黄色或近白色，但并不严重坏死。症状的进展是从顶叶到老叶，番茄植株生长受抑制，新生的叶片长不大。缺铁时脉间黄化，这和缺锰相同，不同的是缺铁是自中肋部分及各小叶基部最先发黄，且症状主要是在生长点附近出现，一般并不坏死。喷硫酸亚铁等后经数日即可变绿，由此也可证明是否缺铁。

（10）缺锰 中部叶片及老叶颜色变浅，其后是较幼嫩的叶颜色变浅，也具有绿色叶脉与黄色叶肉构成的纹络，再以后，小块坏死逐渐扩大，在近主脉处出现斑点。缺锰时的失绿现象比缺铁时略轻（缺铁时全株变为黄白色，另外，缺锰时的失绿并不限于幼叶）。

缺素症的防治：在正确诊断出所缺元素后针对所缺元素实行追肥。如缺氮时可用氮素化肥作追肥，也可以用 0.5% 的尿素溶液做根外追肥。缺硼时可以用 0.3%～0.5% 的硼砂或硼酸溶液做根外追肥，每隔 3～4 d 1 次，共喷 2～3 次。如果缺素症并不是由于土壤中缺乏该种元素，而是由于土壤酸度过低、土壤盐分浓度过高、土壤高温干旱所引起的，就应当从改良土质、控制施肥量、灌水、松土等措施入手，加以防治。

第二节 虫害种类及防治

加工番茄在生长发育过程中，往往会遭受到许多有害动物的侵害，造成产量减少和品质下降。为了确保加工番茄的高产、稳产和优质，就必须对农业害虫及其他有害动物进行有效控制，以取得最佳的经济效益。据不完全统计，加工番茄害虫有 30 余种。主要有棉铃虫、蚜虫、小地老虎、蓟马、叶螨、马铃薯甲虫、潜叶蝇、粉虱、玉米螟等。下面就主要害虫种类及防治方法进行介绍。

一、粉虱

1. 分类及生活习性　危害番茄的粉虱主要有温室白粉虱和烟粉虱。粉虱是一类体型微小的植食性刺吸式昆虫。粉虱寄主范围非常广泛，可危害农作物、蔬菜、花卉、果树和绿化植物等，其中不仅包括单子叶植物和双子叶植物，还有蕨类植物。

2. 形态特征　粉虱若虫期都是寄生在植物叶片上，大部分是在反面。粉虱的生殖方式主要为两性生殖，有时也可以孤雌生殖；没受精的卵直接发育成雄虫，受精卵可以发育成雌、雄成虫。雌成虫会选择一片良好的叶片产虫，在食物充足的情况下一头雌成虫一次最多能产卵 150～200 粒。粉虱在不同地区发生代数不同，在温带及热带每年可发生多代，有明显世代重叠现象。其生活周期有卵、4 个若虫期和成虫期，通常将第 4 龄若虫称为伪蛹。卵一端具有卵柄，插入叶片组织中，通常被产在叶背面上，少数在叶上面或叶缘。第 1 龄若虫从卵壳中孵化后会静止一段时间，最多 12 h 后会缓慢爬行，具有触角与足，搜寻 1 个适宜短暂停留并且可取食的位置后将自己与叶片表面相连；1 龄若虫通常较透明或者颜色较淡，而且体型较小。第 2 龄、3 龄、4 龄若虫触角和足退化至只可见 1 节，固定在叶面取食。成虫从 4 龄若虫背面的 T 形线羽化出来。据报道，不同种类粉虱成虫寿命有所不同，短的仅 2～3 d，长的达 100 d 以上。

3. 危害特征　以成虫、若虫均能刺吸植物韧皮部的汁液直接危害。由于其发育快、繁殖力高，往往短时间内种群就可达到很高密度，从而吸取大量的汁液，导致植物衰弱。间接危害；成虫、若虫分泌蜜露及蜡质物污染植物器官和果实，诱发煤烟病的发生，使植物光合作用受阻，导致叶片萎缩、枯萎和提前落叶，同时使农作物品质及质量下降。部分粉虱是许多病毒病的重要传毒介体，所传播的植物病毒可引致植物变形和果实败育，造成严重损失。

4. 防治方法

① 生物防治。烟粉虱天敌包括寄生性天敌和捕食性天敌，如蚜蜂属、浆角蚜属、小蜂属及瓢虫、草蛉和小花蝽等。

② 物理防治。对烟粉虱虫量小、危害轻的地块应尽量少用化学农药防治，宜采用粘板诱杀成虫的方法加以控制，以保护天敌。将 1 m×0.2 m 废旧纤维板或硬纸板用油漆涂成橙黄色，再涂上机油，每公顷设置 450 块以上，置于行间，与植株高度相同，诱杀成虫。当板面粘满虫时，及时重涂机油，7～10 d 重涂 1 次。田间铺设反光膜驱避成虫，或覆盖作物残茬或种植诱集作物对减轻烟粉虱的危害也有一定作用。

③ 药剂防治。选用 25% 优乐得 2 000 倍液，或 1.8% 阿维菌素 3 000 倍液、10% 吡虫啉 1 500 倍液、40% 绿菜宝 1 000～1 500 倍液、25% 扑虱灵 1 000 倍液、3.5% 锐丹 1 200 倍液、15% 锐劲特 1 500 倍液、25% 阿克泰 7 500 倍液。上述农药应轮换使用，不可随意提高使用浓度。

二、蚜虫

1. 分类及生活习性　蚜虫属于同翅目蚜科。蚜虫腹部有管状突起（腹管），腹管用于排出可迅速硬化的防御液，腹管通常管状，长常大于宽，基部粗，吸食植物汁液，为植物大害虫。不仅阻碍植物生长，形成虫瘿，传布病毒，而且造成花、叶、芽畸形。生活史复杂，无翅雌虫（干母）在夏季营孤雌生殖，卵胎生，产幼蚜。植株上的蚜虫过密时，有的长出两对大型膜质翅，寻找新宿主。夏末出现雌蚜虫和雄蚜虫，交配后，雌蚜虫产卵，以卵越冬，最终产生干母。温暖地区可无卵期。蚜虫有蜡腺分泌物，所以许多蚜虫外表像白羊毛球。

2. 形态特征　本科多数种类为寡食性或单食性，少数为多食性，部分种类是粮、棉、油、麻、茶、糖、菜、烟、果、药和树木等经济植物的重要害虫。由于迁飞扩散寻找寄主植物时要反复转移尝食，所以可以传播许多种植物病毒病，造成更大的危害。其中包括麦长管蚜、麦二岔蚜、棉蚜、桃蚜及萝卜蚜等重要害虫。蚜虫的繁殖力很强，一年能繁殖10～30个世代，世代重叠现象突出。雌性蚜虫一生下来就能够生育。而且蚜虫不需要雄性就可以繁殖（即孤雌繁殖）。能够危害番茄的蚜虫有近10种，主要有桃蚜、棉蚜、萝卜蚜、大豆蚜、甘蓝蚜、豆蚜等。

3. 危害特征 以成蚜或若蚜群集于植物叶背面、嫩茎、生长点和花上，用针状刺吸口器吸食植株的汁液，使细胞受到破坏，生长失去平衡，叶片向背面卷曲皱缩，心叶生长受限，严重时植株停止生长，甚至全株萎蔫枯死。蚜虫危害时排出大量水分和蜜露，滴落在下部叶片上，引起霉菌病发生，使叶片生理机能受到障碍，减少干物质的积累。

4. 防治措施

（1）农业防治 蔬菜收获后，及时处理残株败叶，铲除杂草。间除有虫苗并立即带出田外，加以处理。

（2）物理防治 黄板诱杀，可7～10 d涂1次。

（3）生物防治 蚜虫通常的天敌是瓢虫及其幼虫、草蛉幼虫和食蚜蝇幼虫。

（4）化学防治 发现大量蚜虫时，按比例配制洗衣粉、尿素、水混合溶液喷洒，连续喷洒植株2～3次；对桃粉蚜一类本身披有蜡粉的蚜虫，施用任何药剂时，均应加入1％肥皂或洗衣粉，增加黏附力，提高防治效果。

三、棉铃虫

1. 分类及生活习性 棉铃虫属鳞翅目夜蛾科，在我国各棉区的年发生代数和主要危害世代各不相同。在辽河流域棉区和新疆大部分棉区年发生3代，以第2代危害为主。成虫昼伏夜出，晚上活动、觅食和交尾、产卵。成虫有取食补充营养的习性，羽化后吸食花蜜或蚜虫分泌的蜜露。雌成虫有多次交配习性，羽化当晚即可交尾,2~3 d 后开始产卵,产卵历期 6~8 d。产卵多在黄昏和夜间进行,喜欢产卵于嫩尖、嫩叶等幼嫩部分。卵散产,第 1 代卵集中产于棉花顶尖和顶部的 3 片嫩叶上,第 2 代卵分散产于蕾、花、铃上。单雌产卵量 1 000 粒左右,最多达 3 000 多粒。成虫飞翔力强,对黑光灯,尤其是波长 333 nm 的短光波趋性较强,对萎蔫的杨、柳、刺槐等枝把散发的气味有趋性。

2. 形态特征 幼虫一般有 6 龄。初孵幼虫先吃卵壳,后爬行到心叶或叶片背面栖息,第 2 d 集中在生长点或果枝嫩尖处取食嫩叶,但危害状不明显。2 龄幼虫除食害嫩叶外,开始取食幼蕾。3 龄以上的幼虫具有自相残杀的习性。5~6 龄幼虫进入暴食期,每头幼虫一生可取食蕾、花、铃 10 个左右,多者达 18 个。幼虫有转株危害习性,转移时间多在 9:00 和 17:00。

老熟幼虫在入土化蛹前数小时停止取食,多从棉株上滚落地面。在原落地处 1 m 范围内寻找较为疏松干燥的土壤钻入化蛹,因此,在棉田畦梁处入土化蛹最多。

各虫态历期:卵 3~6 d、幼虫 12~23 d、蛹 10~14 d、成虫寿命 7~12 d。

3. 危害特征 以幼虫蛀食番茄植株的蕾、花、果,偶尔也蛀茎,并且食害嫩茎、叶和芽。但主要危害形式是蛀果,是番茄的主要害虫。蕾受害后,苞叶张开,变成黄绿色,2~3 d 后脱落。幼果常被吃空或引起腐烂而脱落,成果虽然只被蛀食部分果肉,但因蛀孔多在蒂部,雨水、病菌易侵入引起腐烂、脱落,造成严重减产。

4. 防治措施

(1) 农业防治 ①深翻冬灌,破坏蛹室,可使越冬蛹窒息死亡,压低越冬虫口基数。②早、中、晚品种要搭配开。③优化布局,在种植地种植玉米诱集带,利用棉铃虫成虫喜欢在玉米喇叭口栖息和产卵的习性,每天清晨专人抽打心叶,消灭成虫,减少虫源。④利用棉铃虫成虫对杨树叶挥发物具有趋性和白天在杨枝把内隐藏的特点,在成虫羽化、产卵时,在田间摆放杨枝把诱蛾,是行之有效的方法。每 667 m² 放 6~8 把,日出前捉蛾捏死。⑤在棉铃虫重发区羽化高峰期，使用高压汞灯诱杀。

（2）生物防治　①利用天敌进行防治。寄生性天敌主要有赤眼蜂、姬蜂、寄生蝇等；捕食性天敌主要有蜘蛛、草蛉、瓢虫、螳螂、鸟类等。②在二代棉铃虫卵高峰后 3～4 d 及 6～8 d，连续 2 次喷洒细菌杀虫剂（苏云金芽孢杆菌制剂）或棉铃虫核型多角体病毒，可使幼虫大量染病死亡。

（3）化学防治　关键是要抓住孵化盛期至 2 龄盛期，即幼虫尚未蛀入果内的时期施药，可选择下列药剂：①茚虫威（安打）每 667 m² 16.35 g，安全间隔期 3 d；②0.66％氰戊菊酯乳油每 667 m² 27～45 mL，安全间隔期 1 d；③甲氧虫酰肼每 667 m² 47～75 mL，安全间隔期 1 d；④多杀菌素（信赖）每 667 m² 5～9.5 g，安全间隔期 1 d；⑤80％西维因悬浮剂每 667 m² 110～190 g，安全间隔期 3 d。

四、斑潜蝇

1. 分类及生活习性　双翅目，潜蝇科，是近年加工番茄上危害逐年加重的害虫，目前已鉴定出危害新疆蔬菜的斑潜蝇主要有美洲斑潜蝇、番茄斑潜蝇和南美斑潜蝇。斑蝇系多食性害虫，除危害番茄外，还可危害辣椒、茄子、甘蓝、油菜、白菜、西瓜、甜瓜、香瓜、黄瓜、莴苣、芹菜、马铃薯及豆类蔬菜。成虫、幼虫均可危害，雌成虫飞翔把植物叶片刺伤，进行取食和产卵，幼虫潜入叶片和叶柄危害，产生不规则蛇形白色虫道，叶绿素被破坏，影响光合作用，受害重的叶片脱落，造成花芽、果实被伤。

美洲斑潜蝇在新疆露地条件下不能越冬，保护地是主要的越冬场所。7～9 月是主要危害时期，具有世代短，繁殖能力强的特点。成虫飞行能力较弱，飞行距离多数在数米和数十米，远距离传播扩散主要靠卵、幼虫和蛹随寄主植物，或蛹随盆栽植株的土壤转移。22～27℃最适宜于各虫态生长发育和个体繁殖，温度超过 34 ℃，该虫的发生受到抑制。

2. 防治措施

（1）农业防治 ①考虑蔬菜布局，把斑潜蝇嗜好的瓜类、茄果类、豆类与其不危害的作物进行套种；②与其不危害的作物进行轮作；③是适当疏植，增加田间通透性；④是及时清洁田园，把被斑潜蝇危害作物的残体集中深埋、沤肥或烧毁；⑤在害虫发生高峰时，摘除带虫叶片销毁，蔬菜收获后，及时将枯枝干叶及杂草深埋或焚烧；⑥将有蛹表层土壤深翻到 20 cm 以下，以降低蛹的羽化率；⑦适当疏植，提高通风透光率，压低虫口密率。

（2）物理防治 利用成虫对橙黄色和光的趋性，诱集成虫，进行测报和防治。采用灭蝇纸诱杀成虫在成虫始盛期至盛末期，每 667 ㎡ 设置 15 个诱杀点，每个点放置 1 张诱蝇纸诱杀成虫，3～4 天更换 1 次。

（3）生物防治 利用寄生蜂防治，在不用药的情况下，寄生蜂天敌寄生率可达 50％以上。姬小蜂、反颚茧蜂、潜蝇茧蜂这 3 种寄生蜂对斑潜蝇寄生率较高。

（4）化学防治 在受害作物某叶片有幼虫 5 头时，掌握在幼虫 2 龄前（虫道很小时），喷洒 8％阿维菌素乳油 3 000 倍液、或特异性的杀虫剂 25％灭幼脲悬乳剂 1 000 倍液、5％抑太保乳油 2 000 倍液、1％苦参碱 2 号可溶性液剂 1 200 倍液、70％吡虫啉水分散粒剂 10 000 倍液、98％巴丹原粉 1 200 倍液、73％潜克（灭蝇胺）可湿性粉剂 2 500～3 000 倍液等。

五、蓟马

1. 分类及生活习性 蓟马属缨翅目蓟马科。蓟马一年四季均有发生，春、夏、秋三季主要发生在露地，冬季主要在温室大棚中，危害番茄、茄子、黄瓜、芸豆、辣椒等。发生高峰期在 9～12 月，3～5 月则是第 2 个高峰期。雌成虫主要进行孤雌生殖，偶有两性生殖，极难见到雄虫。卵散产于叶肉组织内，每雌产卵 22～35 粒。雌成虫寿命 8～10 d。卵期在 5～6 月为 6～7 d。若虫在叶背取食到高龄末期停止取食，落入表土化蛹。蓟马喜欢温暖、干旱的天气，其适温为 23～28 ℃，适宜空气湿度为 40%～70%；湿度过大不能存活，当湿度达到 100%，温度达 31 ℃时，若虫全部死亡。在雨季，如遇连阴多雨，葱的叶腋间积水，能导致若虫死亡。大雨后或浇水后致使土壤板结，使若虫不能入土化蛹和蛹不能孵化成虫。

2. 形态特征　幼虫呈白色、黄色或橘色，成虫黄色、棕色或黑色；取食植物汁液或真菌。体微小，体长 0.5～2 mm，很少超过 7 mm。黑色、褐色或黄色；头略呈后口式，口器锉吸式，能挫破植物表皮，吮吸汁液；触角 6～9 节，线状，略呈念珠状，一些节上有感觉器；翅狭长，边缘有长而整齐的缘毛，脉纹最多有两条纵脉；足的末端有泡状的中垫，爪退化；雌性腹部末端圆锥形，腹面有锯齿状产卵器，或呈圆柱形，无产卵器。触角 5～9 节，下颚须 2～3 节，下唇须 2 节；翅较窄，端部较窄尖，常略弯曲，有 2 根或者 1 根纵脉，横脉常退化；锯状产卵器腹向弯曲。

3. 危害特征　成虫和若虫锉吸作物嫩梢、嫩叶、花和幼果的汁液，被害嫩叶嫩梢变硬缩小，植株生长减缓，节间缩短；幼果受害后亦硬化，造成落果，严重影响产量和质量。同时，蓟马传播番茄斑萎病毒，在温暖地区可引起虫瘿及卷叶病。

4. 防治措施

（1）农业防治　①清除残株落叶于田外烧毁，及时深翻土地，减少虫源。②露地和设施栽培可采用薄膜覆盖代替禾草覆盖，能大大降低虫口。③蓟马繁殖快易成灾，应以预防为主，综合防治。适时栽培，避开危害高峰期，防止干旱，增施磷钾肥。

（2）物理防治　利用蓟马的趋蓝习性，在田间设涂有机油、不干胶或其他有黏性物质的蓝色板块诱杀。

（3）化学防治　①2.5%功夫乳油见药品施用说明；②25%阿克泰（噻虫嗪）可湿性粉剂见药品施用说明；③4.5%高效氯氰菊酯见药品施用说明；④10%吡虫啉可湿性粉剂见药品施用说明。

六、叶螨

1. 分类及生活习性 叶螨亦称蛛螨、红蜘蛛，属蜱螨亚纲叶螨科，植食螨类。取食室内植物及重要农业植物（包括果树）的叶和果实。从卵到成虫约需 3 周。成螨体红、绿或褐色。在植物上结一疏松的丝网，所以有时误被认为是小蜘蛛，植物受害严重时，叶子完全脱落。叶严重变薄，变白。其抗药能力日益增强，故难以防治。

叶螨幼虫靠吃叶片的叶肉细胞为生，导致叶面上出现斑斑点点或弯弯曲曲的痕迹。不同种类的叶螨幼虫食用不同位置的叶肉细胞。此外，叶面被蚕食的纹理和位置根据叶螨种类、叶片生长水平和寄主植物的不同而不同。在某些特定条件下，叶螨幼虫可以钻到叶柄或茎中。叶螨的雌成虫用产卵器插入叶片，将叶片刺出许多小孔，产下单个半透明白色的椭圆形卵。被刺伤叶片的植株光合作用减少，幼小的植株可能导致死亡。另外，这些伤口为各类病害敞开大门，如菊花细菌性叶斑病。

2. 形态特征 叶螨成虫很小，一般 2～3.5 mm 长，具有发亮的黑色双翼，腹部有黄色斑纹。在孵卵过程中，雌虫和雄虫都是以植株伤口处渗出的汁液为食。每个雌虫在它一生中，2～3 周平均可以孵化 60 个卵。孵卵的数量根据食物的多少、温度条件是否适宜而改变。卵孵化至亮黄色，然后形成白色的幼虫，这些过程中，叶螨都是吃叶片细胞的叶肉层，从而导致叶片内形成弯弯曲曲的孔洞。

随着叶螨幼虫的成长，对叶片造成的孔洞也变得更大。孔洞形成的图案、位置和被侵蚀的植株也根据叶螨种类的不同而不同。在化蛹之前有 3～4 个幼龄阶段，而这个过程需要 5～8 d。最后阶段的幼虫通常把叶片切成半圆形，落到土壤里化蛹。蛹都是长椭圆形，从褐色变成金黄色。叶螨化蛹要在黑暗中进行，因此可以根据这个特点在土壤深处找到它们。从蛹到成虫需要 9～10 d。温度适宜的条件下，整个过程需要 16～24 d。

3. 危害特征 危害番茄的叶螨主要有土耳其斯坦叶螨、截形叶螨等，以土耳其斯坦叶螨为主。受害叶片开始为白色小斑点，后褪绿变为黄白色，严重时变锈褐色，造成早落叶，果实干瘪，植株枯死。

土耳其斯坦叶螨在库尔勒地区每年发生 10～15 代。以雌成螨在杂草根际 5～15 cm 疏松土壤中、枯枝落叶下或树皮裂缝处越冬。危害高峰一般有 2 次，第 1 次是在 6 月中下旬至 7 月，另一个高峰出现在 7 月底至 8 月，后一高峰比前一高峰螨量大、危害重。它主要靠风力和流水传播扩散，或人工作业时携带迁移扩散。该虫有吐丝结网习性，一般在干旱高温条件下繁殖最快，容易大发生。

4. 防治措施 对叶螨应采取"预防为主，防治结合；挑治为主，点面结合"的防治原则。

（1）农业防治 ①彻底清除田地及附近杂草，减轻虫源，破坏越冬场所。②遇高温或干旱，及时灌溉，增施磷钾肥，促进植株生长。③加强虫情调查，发现少量叶片受害时，及时摘除虫叶，控制在点片发生阶段。

（2）化学防治 用 20％复方浏阳霉素乳油 1 000 倍液或 73％炔螨特 3 000 倍液、20％甲氰菊酯 2 000～2 500 倍液、1.8％阿维菌素 2 000～3 000 倍液等，5～7 d 喷施 1 次，连续使用 2～3 次。

七、马铃薯甲虫

1. 分类及生活习性 马铃薯甲虫属鞘翅目叶甲科。以成虫在土壤内越冬。越冬成虫潜伏的深度为 20～60 cm。4～5 月，当越冬处土温回升到 14～15 ℃时，成虫出土，在植物上取食、交尾。卵以卵块状产于叶背面，卵粒与叶面多呈垂直状态，每卵块含卵12～80 粒。卵期 5～7 d，幼虫期 16～34 d，因环境条件而异。幼虫孵化后开始取食。幼虫 4 龄，15～34 d。4 龄幼虫末期停止进食，大量幼虫在被害株附近入土化蛹。幼虫在深 5～15 cm 的土中化蛹。

蛹期 10～24 d。

根据我国新疆对马铃薯甲虫发生规律的系统研究表明，马铃薯甲虫以成虫在寄主作物田越冬，深度 6～30 cm，主要分布于 11～20 cm 土层（91.2%）。在新疆马铃薯甲虫发生区，该虫 1 年可发生 1～3 代，以 2 代为主。一般越冬代成虫于 5 月上中旬出土，随后转移至野生寄主植物取食和危害早播马铃薯，由于越冬成虫越冬入土前进行了交尾，因此，越冬后雌成虫不论是否交尾，取食马铃薯叶片后均可产卵。第 1 代卵盛期为 5 月中下旬，第 1 代幼虫危害盛期出现在 5 月下旬至 6 月下旬，第 1 代蛹盛期出现在 6 月下旬至 7 月上旬，第 1 代成虫发生盛期出现在 7 月。第 1 代成虫产卵盛期出现在 7 月，第 2 代幼虫发生盛期出现在 7 月中旬至 8 月中旬，第 2 代幼虫化蛹盛期出现在 7 月下旬至 8 月上旬，第 2 代成虫羽化盛期出现在 8 月上旬至 8 月中旬，第 2 代（越冬代）成虫入土休眠盛期出现在 8 月下旬至 9 月上旬，该虫世代重叠十分严重，世代发育需要 30～50 d。

2. 危害特征 危害马铃薯、番茄、茄子等，种群一旦失控，成虫，幼虫危害马铃薯叶片和嫩尖，可把叶片吃光，尤其是马铃薯始花期至薯块形成期受害，对产量影响最大，严重的造成绝收。多雨年份发生轻。

3. 防治措施

（1）农业防治 ①加强检疫，严防人为传入。②与非寄主作物轮作，种植早熟品种，对控制该虫密度具明显作用。③生物防治，保护利用草蛉、瓢虫、步甲、蜘蛛等捕食性天敌和寄生蜂、寄生蝇等，以减低虫口。喷洒苏云金杆菌制剂 600 倍液或 0.3% 印棟素乳油 2 500 倍液对低龄幼虫有较好防效。④在加工番茄田四周种植诱集作物马铃薯，并对其进行重点防治。

（2）化学防治 发生初期，喷洒 70% 吡虫啉水分散粒剂 10 000 倍液，或 25% 噻虫嗪水分散粒剂 4 000 倍液、5% 氟虫腈悬浮液 2 000 倍液、5% 虱螨脲乳油 800 倍液等进行防治，在发生高峰期连续防治 3～4 次，每次间隔 5～7 d。采收前 7 d 停止用药。

八、玉米螟

1. 分类及生活习性　玉米螟属于鳞翅目螟蛾科，主要危害玉米、高粱、谷子，也能危害番茄、棉花、大麻、甘蔗、向日葵、水稻、甜菜、甘薯、豆类等作物。玉米螟主要以幼虫蛀茎危害，破坏茎秆组织，影响养分运输，使植株受损，严重时茎秆遇风折断。初孵幼虫先取食嫩叶的叶肉，2 龄幼虫集中在心叶内危害，3～4 龄幼虫咬食其他坚硬组织。

2. 防治措施

（1）物理防治　①在成虫发生期，利用螟蛾的趋光性，高压汞灯对玉米螟成虫具有强烈的诱导作用。在田外村庄每隔 150 m 装一盏高压汞灯，灯下修直径为 1.2 m 的圆形水池，诱杀玉米螟成虫，将大量成虫消灭在田外村庄内，减少田间落卵量。②性信息素防治。利用玉米螟雄蛾对雄蛾释放的性信息素具有明显趋性的原理，采用人工合成的性信息素放于田间，诱杀雄虫或干扰雄虫寻觅雌虫交配的正常行为，使雌虫不育，减少下代玉米螟的数量。

（2）生物防治　提倡使用 1％苦参碱水剂 1 000 倍液、1.1％百部·烟乳油 1 000 倍液等生物制剂防治。

（3）化学防治　使用 70％吡虫啉水分散粒剂 10 000 倍液，或 10％联苯菊酯 3 000～4 000 倍液、3％啶虫脒乳油 2 000 倍液、5％抑太保 2 000 倍液、20％灭扫利 2 000～3 000 倍液等喷雾防治蚜虫。

九、番茄瘿螨

1. 分类及生活习性　番茄瘿螨属于真螨目瘿螨科。一年发生 20 代左右，世代重叠。温室 4 月起、大田 5 月中下旬至 9 月可见危害症状。危害盛期在 6～7 月。成螨隐于叶背，在脉间叶肉表皮组织上吸食，潜于叶片刚毛下产卵繁殖。适宜生长温度为 20～35 ℃，相对湿度 45％～70％，高温干旱时虫口密度大，危害严重。

2. 形态特征 成螨体长 195～210 μm，宽约 70 μm，细长纺锤形。具足 2 对，跗节和胫节区别明显，前足胫节无侧距但生刚毛数根。大体后端的背、腹环不分化，几乎相同。若螨与成螨相似，浅灰绿色，半透明状。成螨色较幼螨深。卵散产在叶背脉间，乳白透明。

3. 危害特征 成螨隐于叶背，在脉间叶肉表皮组织上吸食，潜于叶片刚毛下产卵繁殖。番茄生长的中后期，嫩叶被害后，叶片反卷，皱缩增厚，随番茄瘿螨虫口迅速增加，叶背渐现苍白色斑点，表皮隆起，最后产生出灰白色毛黏状物。番茄新老叶都可受害，老叶不卷曲，但质地变脆，失去光泽。对被害叶切片进行观察，发现毡物区表皮细胞和部分栅栏组织细胞已被吸干或仅留下少许叶绿素，大部分细胞坏死。毡状物即是坏死细胞组织、寄主胶状分泌物和螨蜕的混合体。

4. 防治措施 ①加强田间管理。在前茬收获后必须及时清除残株落叶，集中烧毁，深翻土壤。②药剂防治：由于瘿螨体小，繁殖快，而药剂不是对瘿螨的所有螨态均有效，一般需间隔 5～7 d 连续使用药剂 2～3 次，重点对植株上部嫩叶背面和嫩茎、花朵及幼果喷药。每 667 m² 用 0.15％阿维菌素乳油 38～75 g，安全间隔期 7 d。

十、小地老虎

1. 分类及生活习性 小地老虎属于鳞翅目夜蛾科，又名土蚕、切根虫。经历卵、幼虫、蛹、成虫。年发生代数随各地气候不同而异，愈往南年发生代数愈多，以雨量充沛、气候湿润的长江中下游和东南沿海及北方的低洼内涝或灌区发生比较严重。

2. 危害特征 小地老虎成虫有趋化性、趋光性和趋小苗地产卵的习性。白天成虫躲在阴暗的地方，晚间出来交尾、取食，以22:00 前活动最盛。卵喜产在低矮的作物或杂草叶上，聚成块，无覆盖物，每头雌虫产卵平均 800～1 000 余粒。1～2 龄幼虫躲在植株心叶处取食危害，将心叶咬成针孔状，展叶后成排孔，3 龄以后开始扩散，白天潜伏在根部附近土中，夜间出来取食，咬断嫩茎，造成缺株，被害苗有的被拖进洞中食用，此虫发生与气候有关，成虫活动最适温度为 11～22 ℃。幼虫喜在比较湿润，含水量 15％～25％的土壤中生活，如土壤含水量在 50％以上和 5％以下，则不易存活。另外杂草多的田块，发生量也多，早春气温偏暖，雨水少的年份，幼虫存活率高，发生较重；土壤湿润在土中越冬的虫口也多，危害亦重。

3. 防治措施

（1）农业防治　①除草灭虫。杂草是地老虎的产卵场所和初龄幼虫的重要食源，也是幼虫转移到作物危害的桥梁。如已被产卵，并发现 1～2 龄幼虫，则应先喷药后除草，以免个别幼虫入土隐蔽。春播前应精耕细耙，清除在蔬菜田内杂草，可消灭部分虫卵。②诱杀成虫。一是黑光灯诱杀成虫。二是糖醋液诱杀成虫在成虫发生期设置，均有诱杀效果。三是毒饵诱杀幼虫，将鲜嫩青草或菜叶（青菜除外）切碎，用 50％辛硫磷 0.1 kg 兑水 2.0～2.5 kg 喷洒在切好的 100 kg 草料上，拌匀后于傍晚分成小堆放置田间，诱集小地老虎幼虫取食毒杀。

（2）化学防治　地老虎 1～3 龄幼虫期抗药性差，且暴露在寄主植物或地面上，是药剂防治的适期。①5％溴氰菊酯见药品施用说明；②20％氰戊菊酯见药品施用说明；③90.0％敌百虫原粉或 80.0％可溶性粉剂见药品施用说明；④西维因作毒饵，每 667 m² 2.2～3.0 kg 安全间隔期 3 d。

十一、金针虫

1. 分类及生活习性　金针虫是鞘翅目叩甲科昆虫幼虫的总称，多数种类危害农作物和林草等的幼苗及根部，是地下害虫的重要类群之一。金针虫是鞘翅目叩头甲科幼虫的总称，成虫俗称叩头虫。

金针虫主要有沟金针虫细胸金针虫。

细胸金针虫属鞘翅目，叩头虫科。主要分布于北方。危害多种作物，在蔬菜上主要危害辣椒、茄子、马铃薯、番茄。在北方两年发生 1 代，第 1 年以幼虫越冬。第 2 年以老幼虫、蛹或成虫越冬。由于生活历期长，环境多变，金针虫发育不整齐，世代重叠严重。

以幼虫长期生活于土壤中，主要危害禾谷类、薯类、豆类、甜菜、棉花及各种蔬菜和林木幼苗等。幼虫能咬食刚播下的种子，食害胚乳使其不能发芽，如已出苗可危害须根、主根和茎的地下部分，使幼苗枯死。主根受害部不整齐，还能蛀入块茎和块根。成虫即是叩头虫，体长 8～9 mm，体扁细长。头、胸棕黑色。鞘翅棕红色。幼虫细长，老熟时体长约 23 mm，淡黄色，头扁平，口器深褐色。

2. 防治措施 ①合理施肥、精耕细作、翻土、合理间作或套种、轮作倒茬。耕作方式应适宜，不能使用未处理的生粪肥，适时灌溉对地下害虫的活动规律可起到暂时缓解的作用。土壤含水量对主要地下害虫种群数量的影响不明显。②施毒土，用 50%辛硫磷，或 90%晶体敌百虫、25%地虫灵微胶囊悬浮剂。每公顷用药 1.5 kg，加适量水稀释后拌细土 300 kg，施于种苗穴内。③药剂灌根，若幼苗期发现幼虫危害，可用 50%乐果，或 90%晶体敌百虫、50%辛硫磷、25%地虫灵微胶囊悬浮剂、25%喹硫磷乳油 1 000～1 500倍液灌根。

第三节　草害种类及防治特点

近年来，随着番茄种植范围、品种选择、栽培方式以及气候环境等因素的变化，以及化学除草剂的长期使用，草害频繁发生，日趋严重，对番茄生长造成的不利影响日益突出，给植保带来诸多问题。因此，及时掌握当地番茄草害的发生情况，因地因时地制订合理有效的防治措施，才能尽可能地避免或减少损失。

一、杂草对加工番茄栽培的危害

1. 对光的竞争　杂草对番茄受光有一定的影响，并随杂草密度的增加，番茄光照越来越差。

2. 对水分的竞争　杂草与番茄共生，与番茄对水分的竞争也很激烈，且随着杂草密度的增加，共生期的延长，竞争更加激烈。

3. 对养分的竞争　当杂草与番茄共生时，杂草的存在势必导致番茄吸收养分的减少，从而使番茄减产，且杂草吸收矿物质营养的能力较强，而且以比较高的量积累于组织中。

4. 对病害的影响　许多杂草是茄科作物病原微生物和害虫的中间寄主，能传播病虫害。杂草丛生的番茄田，增加了田间的郁蔽和小环境的空气湿度，使得一些病害更容易发生。

二、草害种类及防治

1. 田旋花　多年生草质藤本，近无毛。根状茎横走。茎平卧或缠绕，有棱。叶柄长 1～2 cm；叶片戟形或箭形，长 2.5～6 cm，宽 1～3.5 cm，全缘或 3 裂，先端近圆或微尖，有小突尖头；中裂片卵状椭圆形、狭三角形、披针状椭圆形或线性；侧裂片开展或呈耳形，花期 5～8 月，果期 7～9 月。为田间有害杂草，对番茄、玉米、棉花、大豆、果树等有危害。在大发生时，常成片生长，密被地面，缠绕向上，强烈抑制作物生长，造成作物倒伏。它还是小地老虎第 1 代幼虫的寄主。

（1）农业防治　春季进行深度不少于 20 cm 的深耕，行间多次中耕可以有效地控制田旋花的成株。有田旋花发生的地方，可在开花时将它销毁，连续进行 2～3 年，即可根除。

（2）化学防治　田旋花是深根性的多年生杂草，在番茄上使用的除草剂对长大的田旋花植株是没有效果的。氟乐灵作为一种行间除草剂可以控制田旋花的幼苗。在田旋花危害严重的地里，可每

667 m² 采用 10％草甘膦 750 mL 加二甲四氯 300 g 或柴油兑水 15 kg，喷雾或涂抹田旋花的叶片、茎秆，可使田旋花茎叶片枯黄、肉根变黑、死亡，并兼治其他杂草。

2. 龙葵 一年生草本植物，全草高 30～120 cm；茎直立，多分枝；卵形或心形叶子互生，近全缘；夏季开白色小花，4～10 朵成聚伞花序；球形浆果，成熟后为黑紫色。与番茄有关的龙葵属杂草包括黑色龙葵、多毛龙葵、小酸浆和其他种类。番茄田里的龙葵属杂草严重影响番茄受光，与其争水肥，争生长空间。

（1）农业防治 播种后，定期进行中耕，可以较有效控制龙葵属杂草的成株。与可以使用除草剂控制龙葵的作物倒茬，减少土壤中种子的数量。在杂草种子多的田间，深翻土壤能显著减少种子的萌发。

（2）化学防治 许多番茄田中使用的常见除草剂对一年生杂草防除效果都不理想。砜嘧磺隆作为一种出土前的处理剂可以控制龙葵。如果龙葵处于子叶期，砜嘧磺隆也能起到出土后的除草剂作用。直播番茄 5～6 叶期或缓过苗的移栽苗，通过定向喷洒苗后除草剂臻草酮，可对龙葵幼苗起到部分控制作用。

3. 苋 一年生草本植物，高可达 150 cm；茎粗壮，绿色或红色，常分枝，幼时有毛或无毛。叶片卵形、菱状卵形或披针形，绿色或常成红色，紫色或黄色，或部分绿色加杂其他颜色，顶端圆钝或尖凹，基部楔形，全缘或波状缘，无毛。花期 5～8 月、果期7～9 月。

4. 藜 藜科藜属的一年生草本，高 30～150 cm。茎直立，粗壮，具条棱及绿色或紫红色色条，多分枝；枝条斜升或开展。叶片菱状卵形至宽披针形，长 3～6 cm、宽 2.5～5 cm，先端急尖或微钝，基部楔形至宽楔形，上面通常无粉，有时嫩叶的上面有紫红色粉，边缘具不整齐锯齿；叶柄与叶片近等长，或为叶片长度的1/2。生于路旁、荒地及田间，为很难除掉的杂草。

5. 菟丝子 营寄生的恶性杂草，以纤细的茎蔓缠绕寄主植物的茎叶，借助吸器从植物体内吸取营养物质，导致寄主植物生长衰弱，甚至整株死亡。菟丝子具有寄主范围广、危害严重、扩散蔓延迅速等特点，一旦发生，极难根除，对农业生产构成严重威胁。菟丝子是营寄生生活的恶性杂草，其种子有休眠作用，若疏于治理，一旦田地被菟丝子侵入后，会造成连续数年危害，菟丝子防除困难，严重时会造成农业绝收。

（1）农业防治　轮作倒茬，菟丝子不能寄生禾本科作物上，轮作禾本科作物可以根除。番茄定植后，仔细观察，发现有菟丝子缠绕，及时拔除，彻底清除残体。

（2）化学防治　土壤封闭，每 667 m^2 用 48% 的地乐胺 250 mL，兑水 30～50 kg 喷施，菟丝子出苗后，每 667 m^2 用 48% 的甲草胺 250 mL，兑水 25 kg 喷雾。

6. 三棱草　三棱草块茎圆球形，直径 1～2 cm，具须根。叶 2～5 枚，有时 1 枚。花期 5～7 月，果 8 月成熟。以种子有性繁殖和地下球茎无性繁殖为主，以根茎及球茎繁殖体的危害为重。

（1）农业防治　三棱草 3～7 片叶时，人工彻底拔除。

（2）化学防治　草甘膦对三棱草的除治效果很好，三棱草 5～7 片叶时，每 667 m^2 用 10% 草甘膦 750 mL 加二甲四氯 300 g 或柴油兑水 15 kg，将三棱草茎秆剪断后，喷雾或涂抹，使其茎叶片枯黄，肉根变黑、死亡。

7. 香附子　别名莎草、大香附、土香（台湾和闽南一带）、水香棱，为莎草科多年生草本植物，茎直立，三棱形，高 40 cm；叶近基生出，细长，呈线形，略比茎短，约 20 cm。叶脉平行，中脉明显，春夏开花抽穗。香附子是多年生杂草，主要通过大量产生的球根进行繁殖，它也能产生有生命力的种子。在环境条件有利于它的生长前，球根能在土壤中保持存活达好几年。影响番茄对养分的吸收，降低了作物产量。

（1）农业防治　在香附子 5～6 叶前或新的球根形成前，定期进行中耕，可以减轻香附子的危害。在夏秋季使用开荒犁进行 30 cm 以上的深翻，以有效降低第 2 年番茄田间萌发的香附子数量。

（2）化学防治　行间喷施异丙甲草胺能对黄香附子产生部分控

制。氯吡嘧磺隆对香附子出土后有控制效果。也可用氯吡嘧磺隆。

8. 野燕麦 禾本科、燕麦属一年生草本植物。须根较坚韧。秆直立，高可达 120 cm，叶鞘松弛，叶舌透明膜质，叶片扁平，微粗糙，4～9 月开花结果。野燕麦是危害番茄等农作物的农田恶性杂草之一，它与农作物争水肥、争光照、争生长空间，并传播农作物病、虫、草害。

（1）农业防治 加强田间管理，严防传播蔓延。一是加强植物检疫，严防调种带入。二是野燕麦危害的地区严格精选种子，清除青稞种子中的野燕麦种子。同时建立无野燕麦种子田或穗选种子田，杜绝野燕麦随青稞种子远距离传播。三是要发动群众在未抽穗前消灭田埂，渠道野燕麦以减少传染源。四是妥善处理已成熟的野燕麦，对田间拔除的或随收获作物带入场里的野燕麦要集中烧毁，作饲料时可加工粉碎，以防扩散。

（2）化学防治 对野燕麦危害较重的休闲地用草甘膦乳油在野燕麦齐苗至拔节期选择无风的阴天喷雾防治。以上防治措施，经过3～5 年的连续防治，可有效防除野燕麦。

9. 狗尾草 根为须状，高大植株具支持根。秆直立或基部曲。叶鞘松弛，无毛或疏具柔毛或疣毛；叶舌极短；叶片扁平，长三角状狭披针形或线状披针形。花果期 5～10 月。根系发达，吸收土壤水分和养分的能力很强，而且生长优势强，耗水、耗肥常超过作物生长的消耗。生长优势强，株高常高出作物，影响作物对光能利用和光合作，干扰并限制作物的生长。

（1）农业防治 合理轮作，改变杂草生态环境抑制和减轻杂草危害。利用地膜覆盖，提高地膜和土表温度，烫死杂草幼苗，或抑制杂草生长。适时中耕 2～3 次，把杂草消灭在幼苗阶段。

（2）化学防治 可用克芜踪、拉索、扑草净、敌草隆等除草剂防除。

10. 马唐 一年生单子叶禾本科植物，秆直立或下部倾斜，膝曲上升，无毛或节生柔毛。花果期 6～9 月。发生数量、分布范围在旱地杂草中均具首位，以作物生长的前中期危害为主。常与毛马唐混生危害。主要危害番茄、玉米、豆类、棉花、花生、瓜类、薯类、谷子、高粱及果树等，是棉实夜蛾和稻飞虱的寄主。

化学防治用 20％克芜踪水剂在马唐等杂草高 10～15 cm 时施药，适宜剂量为每 667 m² 150～200 mL，兑水量为每 667 m² 30 kg。施药后 1 h 降水不影响药效。由于克芜踪是灭生性除草剂，施药时必须对杂草定向喷洒，避免药液的雾滴飘移到果树的绿色叶片和嫩枝嫩芽上，否则会产生药害。必须用清洁水而不用污水或泥浆水配制药液，否则会影响药效。适宜的用药量分别为每 667 m² 草甘膦 900～1 200 mL，或农达 150～200 mL、农民乐 100～150 g，兑水量都是 30 kg。这 3 种除草剂除了可高效地灭除马唐外，还可灭除几乎所有的一二年生杂草以及多年生宿根性杂草。为了增加杂草对这 3 种除草剂的吸收量以提高药效，应选择在杂草的茎叶已经长得很茂盛，但植株尚未开花前施药。稀释时必须用清洁水而不用污水或泥浆水配制药液才能保证药效。这 3 种除草剂也是灭生性除草剂，也必须定向喷洒杂草的茎叶，防止药液雾滴飘移到果树的叶片及嫩枝、嫩芽上，以免发生药害。施药后 8 h 内下雨，不影响药效。

11. 苍耳　菊科苍耳属一年生草本植物，一年生杂草，株高 100 cm 左右，全株密被白色短毛；茎直立，粗壮，中空，上有紫色条状斑纹；叶互生，宽三角形，先端尖，基部心状截形，有 3 条粗脉，边缘有不规则粗锯齿或 3～5 浅裂，叶柄长；头状花序顶生或腋生，数个花集为总状花序，茎上部为雄花序球形，密生软毛；茎下部为雌花序椭圆形，内层总苞片连合囊形，成熟后包在瘦果外的总苞变硬，绿色至淡黄褐色，周身生有钩刺，苞内具卵形瘦果 2 个。以种子繁殖，春季萌发，7～8 月开花，9～10 月结果。

12. 稗草　一年生杂草，秆高 50～100 cm，茎秆粗壮，丛生、直立或基部倾斜或膝曲，茎光滑无毛；叶片线形，中脉明显，无叶耳，无叶舌；圆锥花序呈不规则的塔形，花序主轴具棱角，粗糙，小穗长约 3 mm，密集于穗轴一侧，小穗与分枝及小枝有硬刺瘤毛；颖片及第 1 外稃革质，脉上有疣毛，芒着生在第一外稃上；第 2 外稃成熟后变硬，有光泽。果实椭圆形，骨质，表面平滑有光泽，顶端有小尖头。稗草以种子繁殖,适应性强,喜湿润,耐干旱,抗寒,耐盐碱,繁殖力强,根系发达,吸肥力强,中期生长迅速,成熟期短,若不及时防除,将会严重抑制番茄生长。

(1)农业防治 人工拔除,适时中耕 2～3 次,把杂草消灭在幼苗阶段。

(2)化学防治 番茄田芽期封闭除草剂可用苄嘧·丙草胺(加安全剂)、吡嘧·丙草胺(加安全剂)、丙草胺(加安全剂)等,每667 m^2 兑水 30～45 kg,均匀喷雾,在施药前和施药后 3～5 d 保持田地湿润,可防治稗草、千金子等禾本科、莎草科等杂草。出苗后茎叶除草剂可用二氯喹啉酸、二氯喹啉酸及二氯喹啉酸互配制剂10～20 g,兑水 30～45 kg 均匀喷雾。稗草严重发生时,可用五氟磺草胺每 667 m^2 30～50 mL 兑水均匀喷雾。

三、草害综合防治

加工番茄杂草的防治应遵循生态经济原则。首先应认识到杂草存在的生态意义,杂草在防止水土流失、增加土壤有机质、改善土壤理化性状、作为有益天敌的食物链组成部分等方面有其有益的一面。在防治策略的制定过程中,应注意杂草危害的阶段性,注重在危害关键期进行防治;杂草的种群数量控制在生态经济危害水平之下;充分利用植物检疫、轮作与栽培管理等多种措施进行综合防治;杂草与作物竞争发生在水、肥、光等生长因素不足的时候,应丰富农田限制生长因素的水平;不同作用方式的药剂轮换使用,延缓抗药性产生。在加工番茄田地进行化学除草,对除草剂的要求较高,应选择对加工番茄安全性高、选择性强、杀草谱广、在土壤中易降解、持效期适中的品种,确保加工番茄的安全生产。

使用除草剂被认为是最为经济有效的防除杂草的途径。除草剂种类的选择取决于田间的杂草种类、种植者采取的农业措施和番茄采收后的下一茬作物。除草剂根据它的使用时间分为苗前除草剂(防除种子发芽后出土前杂草的除草剂)和苗后除草剂(防除已经出土的杂草)。

除草剂并不能解决所有杂草问题。合理的轮作倒茬、土壤深翻、曝晒、生长期中耕、人工除草等措施对于杂草的长期、稳定、有效的控制和一些恶性杂草的防除，有着除草剂所无法达到的作用。了解即将种植的田间可能会出现的杂草的种类、数量和分布，对番茄田间杂草的管理至关重要。在番茄播种后和采收前进行2～3次的杂草调查，做好相应的记录，为今后杂草控制做准备。常规灌溉或滴灌用水通过渠道远距离输送时，需要检查渠岸两侧的杂草是否会成为田间杂草的部分来源。

1. 播种前杂草的管理

（1）作物倒茬　作物倒茬通过改变有利于某一特定的杂草种类的环境条件，能有效地控制一些恶性杂草。玉米是番茄适合的倒茬作物，因为玉米上应用的除草剂能控制龙葵、黄香附子和田旋花，同时玉米不是菟丝子的寄主。其他适合番茄倒茬的作物包括小麦、棉花、水稻、大豆、洋葱、胡萝卜等。

（2）田间土地准备　避免在杂草危害严重的地块种植番茄。铲除沟渠两岸的杂草，并在农渠的入口处安装过滤杂草的筛网。当农机设备曾在杂草多的田间作业后，在进入其他地块前应打扫农具。秋冬犁地时使用大马力机车深翻土壤40～50 cm，可以将杂草种子和块茎深埋，有效降低杂草数量。

（3）土壤晒垡　夏秋季上茬作物收获后，深翻土壤35～50 cm，不整地进行土壤晒垡。土壤晒垡能控制很多土传病害、线虫和有害杂草。

（4）育苗移栽　在杂草数量多的农田里采用育苗移栽，是一个经济有效的好方法。移栽前可以使用更多种类的除草剂，控制更多种类的杂草。

（5）除草剂　上一年夏秋季上茬作物收获后，杂草生长旺盛的，可及时使用灭生性的除草剂处理，减少杂草种子数量。春季整地前，喷施1种或2种苗前除草剂是国内普遍采用的措施。选择除草剂时，应考虑对番茄幼苗的安全、杂草种类、药效期、对下茬作物的影响等因素。在播种前杂草已经出土的，结合整地，混合使用苗前除草剂和苗后除草剂。除草剂科学混用可以增强防治杂草的效果。

2. 播种后杂草的管理

（1）中耕和人工除草　直播番茄出苗后，在杂草小的时候就进行行间浅中耕，随着番茄秧苗的长大，逐步加深中耕深度，并结合开沟，将行间的干土培到番茄植株的基部，减少从破损的薄膜处出来的杂草。对于整地时就起高畦栽培的，可以更早地在秧苗基部覆土，以减轻杂草的危害。中耕对控制番茄田的许多杂草是有效的。对于靠近秧苗无法中耕到的杂草，可以通过人工拔除控制。

（2）除草剂使用　播种后，除草剂既可以在番茄出苗前也可以在出苗后施用。出苗后，除草剂在行间的喷施通常采用定向喷施并采用保护罩，然后结合中耕立即混土。番茄出苗后允许茎叶喷施的除草剂的种类、使用剂量、使用时期都有较严格的限制。

四、化学除草原则

（1）根据杂草种类和除草剂的理化特性及作用特点，选择不同的除草剂、适宜的剂量和施用方法，在特定的作物生育期内施用，才能达到理想的除草效果。

（2）土壤温度、土壤水分、土壤类型、有机质含量、耕作制度，光照等都直接或间接影响除草剂施用效果。

（3）除草剂科学混用可以增强防治杂草的效果。

（4）选择除草剂时，要考虑对后茬作物及环境的影响。

（5）引入一种新的除草剂，必须经过试验，才能大面积推广使用。

（6）如果推荐使用的除草剂被列入加工企业的禁用农药名单，建议选择其他除草剂。

第六章　膜下滴灌加工番茄种子丸粒化栽培综合效益分析

第一节　膜下滴灌加工番茄种子丸粒化栽培的技术优势

一、种子丸粒化的概念及类型

种子丸粒化包衣技术，是在种子膜剂包衣技术基础上发展起来的一项适应精细播种需要的农业高新技术。用先进工艺和科学方法将微量的杀虫剂、杀菌剂、植物生长调节剂、微肥和多种活性物质，以成膜剂和配套助剂为载体，经特殊工艺包裹在种子上，特别是微小种子丸粒化后能在种子外面形成坚韧的外壳，扩大了小微种子体积。种子丸粒化包衣技术使某些作物的种子形状由不规则、微小转为大小均一、形状规则的小球体（包括正圆形、椭圆形、扁圆形等），以便大田生产和机械精量播种，实现种子标准化、商品化。减能增效，保护环境，提高了农作物的产量。目前，欧洲及美洲与亚洲部分国家几乎所有的甜菜种子及部分蔬菜种子销售前均进行了丸粒化处理；美国、西欧地区的甜菜种子都已实现丸化标准；发达国家的花卉种子大部分也实施了丸粒化加工。

二、包衣种子的类型

1. 重型丸粒　在种衣剂中加入各种助剂配料使种子颗粒增大加重（增加量为种子重量的 30～50 倍），可抗风、耐旱、提高成活率，且便于机械播种。

2. 速生丸粒　在播种前对种子先进行催芽，然后进行丸粒化，要求在处理后 10～15 d 播种，能保证提前出苗和全苗，如需要大规模育苗（甘蓝、瓜类）的蔬菜种子、进行沙漠绿化改造的牧草、林木种子播种时可采取该技术，以提高播种效率及出苗的整齐度、抗病性等。

3. 扁平丸粒　用于飞机播种的种子如牧草、林木种子等，即把细小的种子制成较大、较重的扁平状丸粒，防止被风吹走，提高飞机播种时的准确性和落地后的稳定性，保证播种质量。

4. 快裂丸粒　播种后丸粒经过较短时间就能自行裂开，有利于种子的出芽、生长。

三、种子包衣和丸粒化的种类及特点

20 世纪 70 年代以来发展起来的种子包衣和丸化技术，开始只是单一物质包衣，以后发展成复合包衣和混合包衣。目前，包衣和丸化的种类繁多，包衣技术日臻完善。在农业上推广应用的包衣类型主要如下。

1. 农药包衣　这类包衣是最早发展起来，也是应用最广的包衣类型。这是用一定的杀虫剂、杀菌剂单独或复配成的种衣剂。种衣在土壤中能吸收水分而溶胀但不溶解。这样可以保证种子正常发芽又使药剂缓慢释放，防治土壤和种子传播的病害。种子萌发后，内吸性杀虫剂可被幼苗吸收传导到地上部分使其具有防治害虫的毒性，可以有效地防治地下害虫和苗期害虫。与其他用药方式相比较，具有施药更集中、更直接的特点。由于黏剂和助剂的作用，可保证药膜在一定时期内不脱落，不流失。包衣种子播种后处于地表下，增加了用药的安全性，降低了用药量，减少用药成本，提高并延长了药效，对天敌影响小，减轻了对环境的污染，保持了生态平衡。农药包衣具有"四省"（省工、省药、省种、省钱）和"四防"（防病、防虫、防鼠、防鸟）等特点。

2. 肥料包衣　采用一些营养元素（氮、磷、钾）肥料和各种微量元素（锌、锰、铜、硼、钼）肥料包衣种子。包衣的肥料形成一个"小肥料库"，可以缓慢释放营养供幼苗生长发育需要。它可以起到种肥的作用，促进幼苗生长发育。微量元素对作物生育重要但其用量很少，施用困难。而用微量元素制成种衣剂可以达到使用方便、针对性强的效果。我国已研制出微量元素系列种衣剂，在全国推广应用。

3. 除草剂包衣　选择易扩散的高效广谱除草剂作为包衣材料包衣种子，可以有效控制杂草，保护幼苗健壮生长。

4. 蓄水包衣　在干旱半旱地区，水分的丰缺是种子能否发芽出苗的限制因素。在种衣剂中加入一定量的吸水树脂，这种树脂吸水量可达本身重量的80～1 000倍。当土壤水分充足时包衣材料充分吸水，在种子周围形成一个"小水库"，起到蓄水作用。而当土壤干旱时包衣材料可释放出水分供种子利用，从而增加了幼苗的抗旱能力，在我国广大干旱及半干旱地区很有推广价值。

5. 生长调节剂包衣　采用各种植物生长调节剂进行种子包衣，可以打破种子休眠促进萌发，增强幼苗的抗旱、抗寒、抗盐碱等抗逆能力，有力地促进幼苗的生长发育。

6. 增氧剂包衣　采用二氧化钙、二氧化锌等物质包衣种子，可以在水中释放出氧气，弥补潮湿土壤中氧气之不足。这种包衣用于水稻水直播、水育秧，以及低洼湿涝地上的播种。采用这种包衣增加土壤中的氧气量促进种子萌发出苗，并有中和毒物和抗菌作用。

7. 延缓发芽种衣剂　杂交制种时往往是亲本的生育期不同，为达到亲本花期相遇的目的，一般是采取错期播种的方法，费时费工。采用延缓发芽的种衣剂处理种子后，降低了土壤水分向种子内的移动速度，使种子发芽延迟，使父母本同期播种而花期又可相遇。

8. 降低除草剂残效包衣　施用除草剂后，由于在土壤中降解慢，有些易对下茬作物造成危害。有一些播前施用的除草剂可能对种子和幼苗产生危害。应用活性炭种衣剂可以消除除草剂的残毒。

9. 根瘤菌种衣剂 为了促进豆科作物尽早形成根瘤而固氮，美国、澳大利亚、新西兰等国家研究将根瘤菌制成种衣剂来处理豆科作物种子。这种包衣促使形成根瘤，发挥固氮作用。

10. pH 缓冲剂包衣 在酸性土壤上采用含有磷矿粉、钙镁磷肥等成分的包衣。可以调节作物根际的 pH，以利作物生长。这种包衣在土壤改良中具有一定作用。

四、种子丸粒化包衣机理及效应

1. 种子丸粒化包衣机理的研究 种子包衣时，成膜剂能在种子表面形成毛细管型、膨胀型或者裂缝型孔道的膜，该膜将种衣剂活性成分和非活性成分网结在一起，在种子周围形成一个微型"活性物质库"。包衣种子的衣膜吸水膨胀，"活性物质库"的有效成分通过膜孔道或者膜本身缓慢溶解或降解，并逐步与种子及邻近土壤接触；丸化种子的衣膜则通过毛细管作用吸水膨胀，产生裂缝，其活性物质通过裂缝与种子及临近土壤接触，从而参与作物苗期生长发育的生理生化过程。如"活性物质库"中的杀虫杀菌剂能够与种子表面及内部接触，杀死种传病虫害；并在种子周围形成保护屏障，有效防止土传、空气传病虫害。熊远福等指出，有益微生物及其产物则有促进幼苗生长和拮抗病菌等作用。

2. 种子丸粒化包衣效应的研究 目前，国内对于丸粒化种子内活性成分的缓释机理和效应的研究很少。Halmer 等利用过氧化钙与水作用缓慢放氧的特点，为稻种提供氧气，能够改善直播水稻田间出苗和扎根条件。Dadlanietal 等发现亲水胶体褐藻酸钠加氧化钙包膜处理后可明显提高水稻种子在水分亏缺土壤中出苗性能和成苗率。此外，徐卯林等采用高吸水种衣剂包衣水稻种子，在种子周围及秧苗根部形成"蓄水球囊"，从而提高了水稻出苗率、成秧率。

据报道，聚乙烯吡咯烷酮包膜能减少甜菜种皮多酚类抑制物的渗漏，提高发芽率。包衣处理后包膜缓慢吸水，促进了细胞膜的修复，减少细胞内容物的渗漏，可减轻吸胀冷害。此外，Westetal 发现包膜还可阻碍水分进入储藏大豆种子，有效地提高了大豆种子耐藏性。

五、种子丸粒化的质量指标

丸粒化种子的质量指标反映了包衣技术工艺、配方的科学性。目前，中国已有薄膜包衣种子的质量指标，但丸化种子尚无统一的标准。根据有关数据，对丸化种子质量及技术指标要求为：①丸粒近圆形，大小适中，表面光滑；②单粒抗压强度≥150 g；③单籽率≥98%；④有籽率≥98%；⑤种子含水量≤8%（水中 1 min 内的崩裂能力）；⑥裂解度≥98%；⑦整齐度≥98%；⑧不改变农艺性状；⑨在种子加工与应用过程中，对农药、激素等添加剂的使用要按照国际安全卫生环保标准，严格控制残留量；⑩伤籽率<0.5%。

六、种子丸粒化加工工艺

1. 种子丸化包衣流程　种子丸化包衣的主要流程：精选→消毒→用黏着剂浸湿→与种衣剂混合→与填充剂搅拌→丸化成型→热风干操→按粒度筛选分级→质量检验→计量称重→缝包、装袋→入库。

2. 种子丸化包衣方法　种子丸化加工主要有 2 种基本方法：旋转法和飘浮法，以飘浮法的效果较好。例如，甜菜种子丸粒化是精选后的甜菜种子放在可转动的水平滚筒内，种子外形随添料缓慢增大，千粒重最大增加至 30 g。包装上具有种子认证标签，内容分别为作物名称、品种名称、认证单位编号、生产批号等。

七、种子包衣及丸粒化技术发展概况

目前，国外已经广泛应用包衣和丸化技术。优良品种的种子经过加工、分级、精选，再进行包衣使良种标准化和商品化。种子包衣后可以达到防治病虫、杂草、促进生长发育、增强种子抗逆性等多种效能。包衣种子所用的胶黏剂主要有聚乙烯醇、淀粉、纤维素、半乳甘露聚糖、藻酸盐、聚环氧乙烷和聚乙烯吡咯烷酮等物质。种衣剂包括分散剂、成膜剂、扩散剂、稳定剂、防腐剂和警戒色料等配套的助剂，可根据特定的用途分别加入杀虫剂、杀菌剂、微肥、植物生长调节剂、根瘤菌、除草剂、增氧剂、保水剂、抗冷剂等多种物质。将这些物质调制成具有成膜性的糊状或乳糊状复合物包裹在种子表面，使其迅速固化成膜，这就是包衣种子。有些作物的种子体积太小或是外形很不规则，这样的种子不便于机械播种，不易保证播种质量。通过丸化技术改变种子形状和体积，做成整齐一致的小球状有利于播种。

美国、法国、德国等国家在玉米和大豆上采用种子丸粒化技术为发芽提供充足的氧气。国外研究认为，人为改变种子包膜的厚度，可使种子萌发延迟 40～140 d。为此，美国和巴西曾试验在 1 月底（气温在 2～3 ℃）播种大豆，使种子萌发推迟 90 d 左右，到 4 月底种子萌发，出苗率达到 90％～93％。法国、美国、墨西哥等国把丸粒化的玉米种子于 2 月中旬播种于大田，推迟萌发 80 d，出苗率达 78％～91％。美国 Northrnpking 公司研制成功一种包衣技术，处理的种子播种后一旦遇水便与周围的土粒黏合在一起，限制了种子的流动。这种技术被用于水土易流失的土壤中播种。美国的 Northrnpking 公司还研制了延缓剂种衣，在杂交制种中处理父本或母本种子，尔后同时播种可使花期相遇，提高制种的质量和产量。Shreiber 等人研究将蔬菜种子经延缓发芽的种衣处理后，改春播为冬前播使其度过严冬。翌年提早发芽出苗以延长生长季节，提高蔬菜产量。美国将苜蓿、大豆、玉米等作物种子包上除草剂，除能有效防除杂草外，又有利于机械播种。荷兰生产出一种播种后遇到潮湿立即会裂开发芽的种衣。

目前，美国、英国、德国、法国、日本、印度等国已经将种子包衣和丸粒化技术全部商品化和标准化。在玉米、大豆、小麦、水稻、棉花、牧草、甜菜、烟草以及各种蔬菜作物上大面积推广应用。

八、国内外种子丸粒化加工现状

20 世纪 40 年代，美国为了实现棉种机械化播种，率先开展种子丸粒化加工技术研发，约 20 年后传入欧洲，到 20 世纪 80 年代末在欧美发达国家已普遍应用。发达国家对种子丸粒化技术研发从重型丸粒到结壳包衣技术已相当成熟，并已逐步形成了比较规范的丸粒化加工标准，在蔬菜、花卉等特种经济作物及大田作物上均已获良好应用，特别是蔬菜种子丸粒化加工处理率已在 90% 以上，如美国、英国的莴笋种子，西欧地区的甜菜种子均已实现丸粒化加工。发达国家种子丸粒化设备也达到专用化、自动化、标准化、系列化。例如，德国 SATEC 公司是生产种子丸粒化设备的专业公司，其 SATEC CONCEPT 系列化种子丸粒化设备能用于种子的丸粒化处理，批次处理能力有 200 g、2 kg、10 kg、25 kg、50 kg、200 kg 等不同规格；美国 SPE 公司 RPS 系列旋转型丸化机，并与丸化后干燥机、筛分设备集成，形成种子丸粒化生产的专业化成套设备；德国 SUET 公司成功开发了 RTF 型种子丸粒化—流化干燥工艺系统，由旋转型丸化机和流化床干燥机集成而成，该系统可根据实际需要实现种子多种形式的丸粒化加工。

九、种子包衣和丸粒化技术在我国的应用

我国种子丸粒化技术的研发始于 20 世纪 80 年代，国内曾先后断续对蔬菜、烟草、牧草及油菜种子进行了研究。近年来，也对甜菜和花卉丸粒化辅料配方和加工工艺进行了一定研发，并取得了一定成效。种子包衣和丸粒化技术在我国起步较晚，但发展很快。1981 年，中国农业科学院对牧草种子进行包衣，实现了飞机播种。1980—1985 年，北京农业大学与其他单位合作，针对我国粮、棉、油料、蔬菜等作物的主要病虫害和土壤缺肥，缺素情况研制出 20

多种作用不同、可适应不同地区不同作物的种衣剂。近年来，我国的种衣剂和丸粒化技术发展迅猛异常，主要表现在种衣剂种类繁多，应用于粮、棉、油料、蔬菜、瓜果等各种作物上。推广应用面积迅速扩大，取得了良好的经济效益和社会效益。

十、新疆种子丸粒化市场需求分析

甜菜、加工番茄、制干辣椒、油菜等是新疆重要的经济作物，其高产的关键是提高播种质量。条播时因为种子籽粒大小不均匀，很难控制播种，导致播种量较大；穴播也同样，由于种子小，为保苗而加大播种量，致使出苗多，苗势较弱，间苗费工，浪费种子又费工，最终影响产量。

育苗移栽是近年大力推广的一项增产新技术，但育苗移栽比较耗费人工，大大增加了生产成本，降低了的收益。以加工番茄为例，由于种子小，播种质量不能保证，造成种子浪费严重。育苗移栽需 4.5 万～6.0 万株/hm²，用种量只需 135～165 g/hm²。而生产上育苗需要种子 300～375 g/hm²，大田直播则更多，达 600～1 200 g/hm²；而且还需间苗，否则由于肥力不够、光照不足，影响产量和番茄质量。

丸粒化种子可以实现精量播种明显提高播种质量，播后短期内，尤其是苗期病虫害得到控制，不必太多管理，同时可提高作物产量，增加了农民收入，经济效益可观，必然受广大农民群众欢迎。机械化是实现新疆农业现代化的必由之路，加工番茄、制干辣椒、油菜等是新疆重要的经济作物，种子丸粒化是实现上述作物机械精量点播的保障。因此，种子丸粒化技术在新疆推广应用前景广阔。

十一、种子包衣和丸粒化技术优点

1. 提高发芽率和保苗率 包衣的种子都是经过精选的种子，种子本身的发芽势和发芽率都高。如果再经过丸粒化处理则种子外形整齐一致，有利于实现精密播种，提高了播种质量。包衣的各种农药可有效地防治各种病虫害，保证了种子安全发芽出苗。包衣的各种化肥及微肥提供了充足的营养，促使苗齐苗壮。除草剂包衣控制了杂草危害；蓄水包衣增强了种子抗旱能力；包衣的植物生长调节剂增强了幼芽的抗逆性，促使幼苗健壮生长发育。由此可见，种子包衣和丸粒化技术大大地提高了发芽率和出苗率。

2. 省种省药，降低生产成本　包衣的种子由于发芽率高，保苗率高，幼苗生育整齐健壮，为最终作物增产奠定了良好基础。包衣的种子可以实现精量播种，从而节省了种子用量，减少了费用。农药包衣和除草剂包衣都比其他方式用药量少且用药集中。包衣种子周围形成一个"小药库"，持效期可达 40～50 d，可做到病虫草兼治，节省了大量农药和除草剂，减少了用药成本。减少施药次数，又省工省时，减少了工时费用。国内外的应用实践表明，应用种子包衣和丸化技术具有增产增收、经济效益高的突出特点。

3. 减少环境污染生态效益好　由于丸粒化种子的包衣剂含有杀虫剂、杀菌剂，可以有效地防控作物苗期的病虫害，具有防治病虫害、增强抵抗力和促进植物生长等优点，使用丸粒化种子可以控制苗期病害及种子带菌的传播，改开放式施药为隐蔽式施药，对人畜安全。用药量少并相对集中，减少了对环境的污染。能够更好地保护天敌，具有良好的生态效益。

4. 利于种子市场管理　种子包衣上连精选，下接包装，是提高种子"三率"的重要环节。种子经过精选、包衣等处理后。可明显提高种子的商品形象。再经过标牌包装，有利于粮、种的区分，有利于识别真假和打假防劣，便于种子市场的净化和管理。

根据研究，在提升作物产量的众多技术与措施中，良种贡献率占到 30% 左右而位居首位。但对种子加工未能引起足够的重视，目前种子加工特别是番茄等轻小型种子包衣丸粒化设备简陋，技术落后。加工用加工番茄种子千粒重只有 2.5～3.5 g，单粒种子直径 0.3～0.7 cm 且种皮布满微绒毛，这给加工番茄种子丸粒化带来不小困难，如解决不好将在生产中因相互黏结造成播种困难，同时浪费良种，且发芽率较低，成苗质量不仅差，而且易染病。我国由于加工番茄种植面积较大，每年浪费的种量也很大，特别是近年加工番茄种子价格上涨，因此带来了巨大的经济损失。随着加工番茄产业的飞速发展，通过种子丸粒化包衣技术提高种子质量已成为加速提升加工番茄产量和品质的关键环节。通过先进的技术、专业化的设备，对种子的生物特性和物理特性进行详细的分析，通过包衣丸粒化处理，获得颗粒大小均匀一致、形状规则、饱满健壮的优质商品种子已成为一种趋势。种子加工不仅能使良种优异的生物学、遗传学特性得到好的保留和发挥，而且可实现大面积精细化直播作业，大大提高良种的播种品质，进一步提高良种的科技含量和商品价值。

经丸粒化包衣处理后的加工番茄良种优势主要体现在：①减少直播方式下的播种用量，与常规直播和穴盘育苗移栽相比，均可以大幅降低种植成本。②随着种植面积的逐年增大，重茬面积增多，轮作年限减少，病害发生次数和危害程度都在增加，对产量的稳定造成了较大的威胁。丸粒中的农药可以降低苗期发生病害的风险，或减轻危害程度，有利于提高产量。③随着滴灌技术在农业生产中的普及应用，以往直播保苗困难的问题，基本得到了解决。④生产实践表明，相对于移栽秧苗，直播苗长势更健壮，抗逆性更强一些，田间管理更容易成功。

第二节　膜下滴灌加工番茄种子丸粒化栽培综合效益分析

世界许多国家和地区都有食用番茄酱等各种番茄制品的习惯。目前，我国番茄制品的加工主要定位于出口，经过多年的发展，我国已经成为全球最重要的番茄制品生产国和出口国。加工番茄是新疆的优势特色果蔬产业，目前新疆的加工番茄种植面积和产量均占全国的90%左右，其与石油、棉花一起并称为新疆"一黑一白一红"三大产业。新疆作为我国最重要的番茄生产基地，以独特的光热水土资源优势，被国际上公认为全球少数几个特别适宜种植番茄的地区，所生产的番茄酱制品以番茄红素含量高而著称，产品色差、黏稠度等指数均达到世界同类产品先进水平。新疆番茄酱总产量稳居全球第 3 位，出口贸易量居世界之首。特别是近年来，加工番茄产业已作为新疆重要产业得到了迅速发展。在越来越多的地区，加工番茄已成为广大农户和农场职工脱贫致富的理想作物之一。

一、经济效益分析

丸粒化直播技术可以明显提高加工番茄播种质量，经济效益可观，最重要的是可以进行精量播种，节省种子和农药，同时免去了育苗、移苗的费用，减少了劳力的投入，降低了成本，增加了农民收入。通过应用加工番茄丸粒化直播技术，较育苗移栽技术相比，每亩可有效节约成本 200 元左右。

目前，石河子地区及周边较为普遍的加工番茄种植方式有育苗移栽和毛种直播、丸粒化直播。不同种植方式不同的田间管理措施核算成本见表 6 - 1。

表 6 - 1　加工番茄不同种植方式成本分析（元/亩）

项目	育苗移栽	毛种直播	丸粒化直播
机械打洞	20	0	0
人工移苗	120	0	0
番茄苗	350	0	0
种子	0	400（100 g）	60（15 g）
定苗费	0	100	0
丸化费	0	0	25
苗期封洞拔草	0	0	200
农机作业	200	200	200
地膜滴灌带	125	125	125
农药化肥	270	270	270
采收费	350	350	350
土地租赁	500	500	500
水电	120	120	120
合计	2 055	2 065	1 850

此外，采用丸粒直播技术，由于减少了株穗数，由每株 9～10 个果穗，变为 5～6 个，缩短了番茄果实完熟挂果时间，缓解了首末穗成熟时间差的矛盾，降低了日灼晒斑病的发生，减少了果实破损黏带泥土和霉菌产生，进而提高了番茄酱的品质。实现了"青枝绿叶采红果"，同时，采收机工作负荷和难度降低，机器保养维护成本降低，有利于延长机器寿命和提高经营效益。

最后，新疆区域的光热积温条件，使多数主栽番茄品种在 5 月中下旬播种也能够达产成熟，为尽可能拉长播期和延长工厂加工时间创造了有利条件。

二、社会效益分析

丸粒化直播技术可与育苗移栽番茄搭配实现错期播种和分段采收，拉开采摘交售高峰期，降低损失。采取丸粒化精量直播技术，一穴一粒，一粒一苗，节省了人工间定苗的成本，提高了单位面积株数，减少了株穗数，缩短生长成熟期和熟后挂果时间，便于水肥调控管理，促进集中成熟，可实现机器一次性采收获得高产。该技术解放了劳动力，节约成本，播后短期内，尤其是苗期病害和虫害得到控制，不必太多管理，必然受广大农民群众欢迎，推动产业发展。

三、生态环境效益分析

使用丸粒化种子可以控制苗期病害及种子带菌的传播，改开放式施药为隐蔽式施药，减少了用药量，保护了环境。

加工番茄种子丸粒化后，丸粒体积、重量增加，形状和大小由不规则、微小转为大小均一、规则的小球体，可以实施机械化精量播种，以便使植物群落达到最佳状态。由于含有杀虫剂、杀菌剂，丸粒化种子可以有效地防控作物苗期的病虫害，确保苗齐、苗全、苗壮。由于包裹有植物所需要的营养元素，有利于促进幼苗生长，提高作物产量。丸粒化种子出苗快，长势强壮，叶片肥大，真叶多，叶色深绿，百株鲜重高，促进了作物生长，同时又减轻了病虫害，有利于作物增产。减少用药次数和环境污染，保护了天敌。采用种子包衣可使田间苗期喷施农药方式由开放式改为隐蔽式，一般播种后 40～50 d 不需喷施农药，从而减少了喷药次数。用内吸性化学品处理种子，药剂传导到种子内部，控制内部深层的病原菌，许多还可传导到种苗的地上部分防治叶部病害。省种省药，减少田间投入，降低生产成本。

第三节　膜下滴灌加工番茄种子丸粒化栽培推广前景分析

一、加工番茄种子丸粒化栽培技术要求

本技术适用于新疆、甘肃、内蒙古等西北干旱半干旱地区，机械化直播加工番茄种子丸粒化应用膜下滴灌栽培技术进行高效节水管理。

1. 土壤　适于加工番茄种子丸粒化栽培的土地，应是土层深厚、地势平坦、土质肥沃、松软适度、无盐碱、保水保肥能力较强的土地。膜下滴灌水稻对整地质量要求较高，要达到地平、土碎、无根茬，还要镇压保墒。整地方法以秋耕春耙为好。旋耕也是提高整地质量的一种好办法。提高整地质量是确保全苗的重要条件。

加工番茄种子丸粒化实现高产的要求，土壤肥力高（有机质≥2.3%、碱解氮≥68 mg/kg、有效磷≥26 mg/kg、盐碱总含量≤0.1%、pH≤7.5）、土层深厚（≥50 cm）。物理性能良好、透气性强、毛管空隙度适当（≥50%），能使滴灌的水肥均匀地纵向、横向渗润 20～30 cm，形成浅而广的圆锥形浸润带。对于地下水位高、排水条件差和盐碱重的农田，须经过改良后才能实施加工番茄丸粒化栽培。搞好农田建设、平整土地、培肥地力、深耕、全层施肥、施农家肥等基本措施，是种好加工番茄的基础，也是高产高效的前提。瘠薄地和盐碱地等会影响加工番茄种子丸粒化栽培优势的发挥，应先作好土壤改良，以利高产稳产。

2. 灌溉水　加工番茄种子丸粒化栽培管理过程中，对水分需

求高于其他作物，尤其在加工番茄果实膨大期。地区、气候及田间长势的差异也造成需水规律的显著差异，总体以保证膨大期高频灌溉为宜，且需全程高压运行以保证滴水均匀。另外，出苗及苗期番茄根系对低温及其敏感，在西北、东北等气候冷凉地区需保证苗期水温不低于 16 ℃（可采用地表水灌溉或晒水达到此需求）。

3. 基础设施完备　基础设施主要是指能够满足滴灌系统运行的条件，主要包括电力、管网、沉淀池等基础设施。

二、加工番茄种子丸粒化栽培的前景

1. 加工番茄种子丸粒化栽培推广的可行性　加工番茄种子丸粒化直播采用机械直播的方式播种，比常规栽培免去了育苗移栽过程，节省人工；包衣的种子都是经过精选的种子，种子本身的发芽势和发芽率都高，可以实现精量播种，从而节省了种子用量，减少了种子费用；农药包衣和除草剂包衣都比其他方式用药量少且用药集中。如果再经过丸化处理则种子外形整齐一致有利于实现精密播种，提高了播种质量。生产实践表明，相对于移栽秧苗，直播苗长势更健壮，抗逆性更强一些，田间管理更容易成功。由于丸粒化种子的包衣剂含有杀虫剂、杀菌剂，可以有效防控作物苗期的病虫害，使用丸粒化种子可以控制苗期病害及种子带菌的传播，改开放式施药为隐蔽式施药，对人畜安全。减少了对环境的污染。能够更好地保护天敌，具有良好的生态效益。

2. 加工番茄种子丸粒化栽培现阶段推广区域　加工番茄种子丸粒化栽培技术现阶段在新疆已推广至多个团场，并在甘肃张掖、内蒙古赤峰等地示范推广。在新疆，加工番茄按每 $667 m^2$ 产 7 t 计算，0.5 元/kg，产值可达 3 500 元，经济效益可观。

附录

膜下滴灌加工番茄种子丸粒化
栽培技术规程

1 范围

本技术规程制定了品质达到一级、目标产量在每 667 m² 7.5 t 以上的膜下滴灌加工番茄种子丸粒化栽培技术的要求和规范。本技术适用于新疆、甘肃、内蒙古等西北干旱半干旱地区，机械化直播加工番茄种子丸粒化应用膜下滴灌栽培技术进行高效节水管理。

2 规范性引用文件

下列文件对于本文件是必不可少的。凡是注日期的引用文件，仅注日期的版本适用于本文件。凡是不标注日期的引用文件，其最新版本（包括所有修改单）适用于本文件。

GB 16715.3 瓜菜作物种子 第 3 部分：茄果类

3 术语和定义

下列术语和定义适用于本文件。

3.1

灌溉制度

作物播种前及全生育期内的灌水次数，每次的灌水日期和灌水定额以及灌溉定额。

3.2

灌水定额

单位灌溉面积上的一次灌水量。

3.3

灌溉定额

各次灌水定额之和。

3.4

灌水周期

两次灌水的间隔时间。

3.5

丸粒化

蔬菜种子丸粒化技术，指的是在蔬菜种子包裹营养物质形成丸状，更利于机械直播和生长的技术。丸粒化种子外观、形状统一，有利于机械化播种。同时，由于在丸粒化过程中加入了药剂及生长激素，使种子发芽率高，出苗整齐，幼苗生长健壮。目前，蔬菜种子丸粒化的品种包括生菜、白菜、韭菜、芹菜、萝卜、胡萝卜、洋葱、番茄、辣椒、茄子等。

4　栽培模式

膜下滴灌加工番茄种子丸粒化栽培播种模式为机械直播，利用膜下滴灌进行水肥管理，并严格按照美国亨氏生产标准进行整个生育期管理。

5　灌溉管理

5.1　严格按照滴灌系统设计的轮灌方式灌水

当一个轮灌小区灌溉结束后，先开启下个轮灌组，再关闭前轮灌组，谨记先开后关，严禁先关后开。

5.2　应按照设计压力运行，以保证系统正常工作。

5.3　不同区域和不同土壤质地条件下灌溉制度存在较大差异

一般情况下，北疆地区（特别是石河子地区或类似区域，下同）全生育期滴灌 8 次～10 次，灌溉定额 3 750 m^3/hm^2 左右。

5.4　灌溉制度

5.4.1　出苗水

丸粒化加工番茄种子 4 月中下旬进行播种。播种后及时浇出苗水，灌水定额 150 m^3/hm^2 左右。

5.4.2　开花初期—坐果初期

第一水（不含出苗水）根据土壤墒情和丸粒化加工番茄苗期长势适时滴水，然后根据土壤墒情和丸粒化加工番茄植株长势适时补水，该时期共计灌水 2 次（含第一水），灌水定额 450 m³/hm² 左右。

5.4.3 盛果期—成熟前期（20％果实成熟）

此阶段是植株生长高峰期，需要充足的水分。灌水总量 1 800 m³/hm² 左右，灌水 4 次，灌水周期 6 d～8 d，灌水定额 450 m³/hm² 左右，灌溉次数及灌水定额根据气象、土壤、作物生长因素酌情调控。

5.4.4 成熟前期—采收前

此阶段丸粒化加工番茄对水分的需求逐渐降低，但仍然需要维持较高的灌溉水平。灌水总量 900 m³/hm² 左右，通常滴水 2 次，灌水周期 13 d～15 d，灌水定额 450 m³/hm² 左右。

机械采收前 5 d～7 d 停止灌水，并将支管、毛管回收，以便机械采收。

6 施肥管理

6.1 基本原则

通常依据种植丸粒化加工番茄地快的土壤肥力状况和肥效反应，确定目标产量和施肥量，加工番茄的施肥应采用有机无机相结合的原则，同时要注意施肥技术与高产优质栽培技术相结合，尤其要重视水肥联合调控。

6.2 基肥

在丸粒化加工番茄地块冬季耕翻前施入 30 t/hm²～45 t/hm² 腐熟农家肥，同时将微肥（15 kg/hm²～22.5 kg/hm² 硫酸锌与 7.5 kg/hm²～15 kg/hm² 硫酸铁）按肥土比 1：（2～3）的比例分别与细土充分混匀后撒施。

6.3 追肥

在丸粒化加工番茄生长过程中，从初花期到成熟前期将所需氮磷钾肥分 6 次灌水时随水滴入，以保证加工番茄对各营养元素的需要。一般中等肥力地块的加工番茄所需肥料为氮肥（N）170 kg/hm^2～205 kg/hm^2、磷肥（P$_2$O$_5$）200 kg/hm^2～250 kg/hm^2、钾肥（K$_2$O）180 kg/hm^2～195 kg/hm^2，其中钾肥的 6 次施入比例为1.7∶5.8∶7.5∶5.8∶2.2∶2。

7 配套栽培措施

7.1 栽培要求

种植丸粒化加工番茄要严格执行轮作制，土壤肥力中上，土层厚度 50～60 cm，土壤含盐量 0.5％以下，pH 7～8。前茬作物为小麦、甜菜、玉米、棉花均可，在前作收获后需要及时进行灭茬施肥秋翻。播种前应对种子进行消毒和灭菌处理。

7.2 播前除草

在播种前喷施苗前除草剂，一般喷施 96％精异丙甲草胺乳油1 200 mL/hm^2 和 33％二甲戊灵乳油 6 000 mL/hm^2，两种药剂在喷施时按比例加入喷药机械内，喷施时用水量不得低于 600 kg/hm^2。

7.3 间苗定苗

丸粒化加工番茄幼苗在 3 片～4 片真叶、株高 15 cm 左右、茎粗 4 mm 左右、茎秆发紫时进行间苗定苗，密度根据品种及土壤肥力情况而定，一般保苗株数为 7.95 万株/hm^2。适时中耕，第一水根据土壤墒情和植株长势适时浇水，苗期适当"蹲苗"促进根系发达、培育壮苗。

7.4 顺秧

从 7 月初开始，将植株往两边分，10 d 分 1 次，分 2 次～3 次。分秧时将倒入沟内的植株扶上沟上，把植株顺着转一下，使果实及没见光的茎叶覆盖在见光的老叶上，保持植株间有缝隙，不互相挤压，植株不折断。

7.5 重要病虫害防治

7.5.1 重要病害

晚疫病、青枯病、早疫病、立枯病、根腐病、灰霉病、枯萎病、叶霉病、细菌性叶斑病、疮痂病、病毒病、灰叶斑病、脐腐病等。

7.5.2　重要虫害

蚜虫、粉虱、小地老虎、棉铃虫、斜纹夜蛾和斑潜蝇等。

7.5.3　防控原则

贯彻"预防为主，综合防治"的植保方针，以番茄主要病虫害为对象，综合考虑影响病虫害发生的各种因素，协调运用综合防治技术，优先采用农业、物理和生物防治措施，辅以安全合理的化学防治措施，达到有效、安全、经济和环保的目的。

7.5.4　综合防治技术

7.5.4.1　品种选择

选择抗病、优质、高产、耐低温弱光、耐储运、商品性好、适合市场需求的品种，应符合 GB 16715.3 的要求。

7.5.4.2　种子消毒

a)　晒种：播种前将种子摊开晾晒（秋冬季节 1 d。夏季早晨或夜晚 2～3 h）。

b)　温汤浸种：先将种子放在常温水中浸 12 min～15 min，再转入 50 ℃～55 ℃水中，边倒边搅拌，使种子受热均匀，持续 15 min～20 min 后，水温降至 30 ℃，继续浸种 4 h～6 h。

c)　药剂浸种：先用清水浸种 3 h～4 h，再放入浓度 10％磷酸三钠溶液中浸泡 20 min，捞出洗净，预防病毒病；用 25％甲霜灵可湿性粉剂 1 000 倍液消毒，预防加工番茄种子表面带有晚疫病、绵腐病病菌等。

7.5.4.3　物理防治

a)　黄板诱杀：用黄板（25 cm × 40 cm）诱杀蚜虫、白粉虱和斑潜蝇等。黄板在田间采取棋盘状放置，每 667 m² 安置 15 块～20 块，下端与植株高度齐平。

b)　灯光诱杀：每 2 hm²～3.33 hm² 安装频振式杀虫灯 1 盏，安装高度与番茄植株长定后的冠层齐平，每隔 2 d～3 d 清理一次接虫袋，但在诱杀高峰期（7 月～8 月），每天清理 1 次。

c)　性信息素诱杀：每 667 m² 设立小地老虎、棉铃虫、斜纹夜蛾等诱芯 3 个～5 个，每个诱芯使用时间为 30 d～45 d。

7.5.4.4　生物防治

　　a)　天敌：积极保护利用天敌，如用七星瓢虫防治蚜虫，创造有利于天敌生存的环境条件，选择对天敌杀伤力低的农药。

　　b)　生物药剂：用香菇多糖、宁南霉素、氨基寡糖素预防病毒病；用中生菌素、多黏类芽孢杆菌等防治细菌性病害；用乙基多杀菌素、Bt 系列、阿维菌素系列、苦参碱、烟碱和除虫菊等防治虫害。

主 要 参 考 文 献

陈汉耀，邱宝剑，左达康，等，1963. 新疆气候及其和农业的关系 ［M］. 北京：科学出版社.

窦超银，孟维忠，2014. 膜下滴灌在辽西半干旱区不同地形条件下的应用研究 ［J］. 节水灌溉（8）：19-21.

窦超银，孟维忠，2015. 滴灌支管轮灌模式中管网布置形式的改进研究 ［J］. 节水灌溉（6）：95-97.

郭书普，2005. 蔬菜病虫草害原色图谱 ［M］. 北京：中国农业出版社.

何连顺，姜涛，张革，等，2020. 加工番茄品种的田间评测方法 ［J］. 特种经济动植物，23（6）：35-38.

胡洁，蒲春玲，2010. 兵团番茄产业化发展问题思考 ［J］. 新疆农垦经济（1）：30-31.

李合生，2012. 现代植物生理学 ［M］. 3 版. 北京：高等教育出版社.

刘中良，高昕，张艳艳，等，2020. 基质栽培与土壤栽培番茄品质产量的比较研究 ［J］. 江苏农业科学，48（1）：4.

宋方圆，赵志永，李冀新，等，2020. 筛选品质优良的新疆主栽加工番茄品种 ［J］. 新疆农业学，57（7）：1267-1275.

孙守如，朱磊，栗燕，等，2006. 种子丸粒化技术研究现状与展望 ［J］. 中国农学通报（6）：151-154.

王冀川，马富裕，冯胜利，等，2008. 基于生理发育时间的加工番茄生育期模拟模型 ［J］. 应用生态学报，19（7）：1544-1550.

徐鹤林，李景富，2007. 中国加工番茄 ［M］. 北京：中国农业出版社.

徐林，1996. 最新番茄品种与高效栽培法 ［M］. 北京：中国农业科学技术出版社.

许立志，庞胜群，刁明，等，2017. 隶属函数法评价不同加工番茄品种耐盐性 ［J］. 新疆农业科学，54（5）：833-842.

张超，薛琳，田丽萍，等，2011. 新疆加工番茄品种遗传多样性的 SSR 分析

［J］. 中国农学通报，27（6）：143 - 147.

张国丽，任毓忠，张莉，等，2011. 加工番茄品种对番茄细菌性斑点病的抗性鉴定［J］. 新疆农业科学，48（11）：2050 - 2053.

张静，胡立勇，2012. 农作物种子处理方法研究进展［J］. 华中农业大学学报（2）：258 - 264.

张坤，刁明，张筱茜，等，2018. 不同灌溉量对不同加工番茄品种的产量和品质的影响［J］. 园艺与种苗，38（2）：1 - 6.

赵红杰，2012. 新疆兵团番茄产业集群发展研究［D］. 石河子：石河子大学.

赵思峰，2010. 加工番茄高产优质栽培技术［M］. 北京：中国农业出版社.